西方建筑的故事

# 文明的开端

从伊甸园到雅典学堂

陈文捷 著

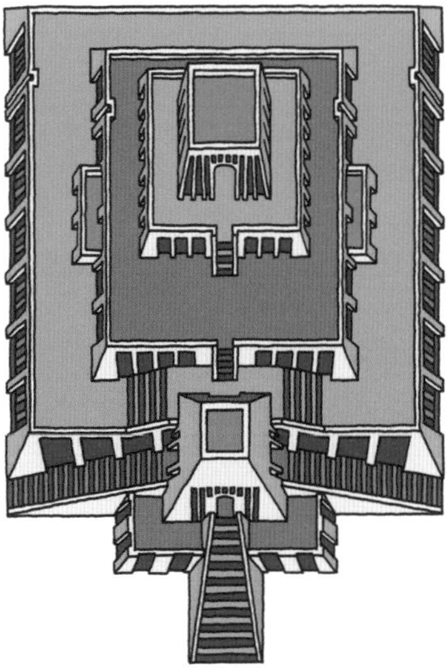

机械工业出版社
CHINA MACHINE PRESS

这是一本为建筑、规划和设计专业人士，以及广大艺术爱好者而著的有故事的古代西亚、埃及和希腊建筑史。本书将不仅为您详尽介绍西方文明诞生初期的城市和建筑的特征及其发展脉络，还会拨开笼罩其上的神话面纱，为您讲述这些建筑背后的故事，打开通向孕育了西方文明的伊甸园和雅典学堂的探奇之门。本书配有590余幅精美的插图，辅助您的阅读。

**图书在版编目（CIP）数据**

文明的开端：从伊甸园到雅典学堂 / 陈文捷著 . —北京：机械工业出版社，2018.12（2023.8 重印）
（西方建筑的故事）
ISBN 978-7-111-61691-7

Ⅰ . ①文…　Ⅱ . ①陈…　Ⅲ . ①建筑史—西方国家　Ⅳ . ① TU-091

中国版本图书馆 CIP 数据核字（2018）第 298105 号

机械工业出版社（北京市百万庄大街 22 号　邮政编码 100037）
策划编辑：时　颂　责任编辑：时　颂
责任校对：陈　越　责任印制：孙　炜
北京利丰雅高长城印刷有限公司
2023 年 8 月第 1 版第 2 次印刷
148mm × 210mm · 9.875 印张 · 263 千字
标准书号：ISBN 978-7-111-61691-7
定价：69.00 元

电话服务　　　　　　　　　　网络服务
客服电话：010-88361066　　机　工　官　网：www.cmpbook.com
　　　　　010-88379833　　机　工　官　博：weibo.com/cmp1952
　　　　　010-68326294　　金　　书　　网：www.golden-book.com
封底无防伪标均为盗版　　　　机工教育服务网：www.cmpedu.com

# 《西方建筑的故事》丛书序

一部建筑史，里面究竟该写些什么？怎么写？有何意义？我在大学开设建筑史课程已经20年了，对这些问题的思考从没有停止过。有不少人认为建筑史就是讲授建筑风格变迁史，在这个过程中，你可以感受到建筑艺术的与时俱进。有一段时间，受现代主义建筑观以及国家改革开放之后巨大变革进步的影响，我也认为，教学生古代建筑史只是增加学生知识的需要，但是那些过去的建筑都已经成为历史了，设计学习应该更加着眼于当代，着眼于未来。后来有几件事情转变了我的观念。

第一件事是在2005年的时候，我在英国伦敦住了一个月，亲眼见识到那些当代最摩登的大厦却与积满了厚重历史尘土的酒馆巷子和睦相处，亲身体会到在那些老街区、窄街道和小广场中行走消磨时光的乐趣，第一次从一个普通人而不是建筑专业人员的视角来体验那些过去只是在建筑专业书籍里看到的、用建筑专业术语介绍的建筑。

第二件事是2012年的时候，我读了克里斯托弗·亚历山大（C. Alexander）写的几本书。在《建筑的永恒之道》这本书中，亚历山大描述了一位加州大学伯克利分校建筑系的学生在读了也是他写的《建筑模式语言》之后，惊奇地说："我以前不知道允许我们做这样的东西。"亚历山大在书中特别重复了一个感叹句："竟是允许！"我觉得，这个学生好像就是我。这本书为我打开了一扇通向真正属于自己的建筑世界的窗子。

第三件事就是互联网时代的到来和谷歌地球的使用。尤其是谷歌地球，其身临其境的展示效果，让我可以有一个摆脱他人片面灌输、而仅仅用自己的眼光去观察思考的角度。从谷歌地球上，我看到很多在专业书籍上说得玄乎其玄的建筑，而在实地环境中的感受并没有那么好；看到很多被专业人士公认为是大师杰作的作品，而在实地环境中却显得与周围世界格格不入。而在另一方面，我也看到，许许多多从未有资格被载入建筑史册的普普通通的街道建筑，看上去却是那样生动感人。

这三件事情，都让我不由得去深入思考，建筑究竟是什么？建筑的意义又究竟是什么？

现在的我，对建筑的认识大体可以总结为两点：

第一，建筑是一门艺术，但它不应该仅仅是作为个体的艺术，更应该是作为群体一分子的艺术。历史上不乏孤立存在的建筑名作，从古代的埃及金字塔、雅典帕提农神庙到现代的朗香教堂、流水别墅。但是人类建筑在绝大多数情况下都是要与其他建筑相邻，作为群体的一分子而存在的。作为个体存在的建筑，建筑师在设计的时候可以尽情地展现自我的个性。这种建筑个性越鲜明，个体就越突出，就越可能超越地域限制。这是我们今天的建筑教育所提倡的，也是今天的建筑师所孜孜追求的。然而，具有讽刺意味的是，当一个设计获得了最大的自由，可以超越地域和其他限制放在全世界任何地方的时候，实际上反而是失去了真正的个性，随波逐流而已。这样的建筑与摆在超市中出售的商品有什么区别呢？而相反，如果一座建筑在设计的时候，更多地去顾及周边的其他建筑群体，更多地去顾及基地地理的特殊性，更多地去顾及可能会与建筑相关联的各种各样的人群，注重在这种特殊性的环境中，与周围其他建筑相协作，进行有节制的个体表现，这样做，才能够真正形成有特色的建筑环境，才能够真正让自己的建筑变得与众不同。只是作为个体考虑的建筑艺术，就好比是穿着打扮一样，总会有“时尚”和“过气”之分，总会有“历史”和“当代”之别，总会有“有用”和“无用”之间；而作为群体交往的艺术是任何时候都不会过时的，永远都会有值得他人和后人学习和借鉴的地方。

第二，建筑不仅仅是艺术，建筑更应该是故事，与普普通通人的生活紧密联系的故事。仅仅从艺术品的角度来打量一座建筑，你的眼光势必会被新鲜靓丽的“五官”外表所吸引，也仅仅只被它们所吸引。

可是就像我们在生活中与人交往一样，有多少人是靠五官美丑来决定朋友亲疏的？一个其貌不扬的人，可能却因为有着沧桑的经历或者过人的智慧而让人着迷不已。建筑也是如此。我们每一个人，都可能会对曾经在某一条街道或者某一座建筑中所发生过的某一件事情记忆在心，感慨万端，可是这其中会有几个人能够描述得出这条街道或者这座建筑的具体造型呢？那实在是无关紧要的事情。一座建筑，如果能够在一个人的生活中留下一片美好的记忆，那就是最美的建筑了。

带着这两种认识，我开始重新审视我所讲授的建筑史课程，重新认识建筑史教学的意义，并且把这个思想贯彻到“西方建筑的故事”这套丛书当中。

在本套丛书中，我不仅仅会介绍西方建筑个体风格的变迁史，而且会用很多的篇幅来讨论建筑与建筑之间、建筑与城市环境之间的相互关系，充分利用谷歌地球等技术条件，从一种更加直观的角度将建筑周边环境展现在读者面前，让读者对建筑能够有更加全面的认识。

在本套丛书中，我会更加注重将建筑与人联系起来。建筑是为人而建的，离开了所服务的人而谈论建筑风格，背离了建筑存在的基本价值。与建筑有关联的人不仅仅是建筑师，不仅仅是业主，也包括所有使用建筑的人，还包括那些只是在建筑边上走过的人。不仅仅是历史上的人，也包括今天的人，所有曾经存在、正在存在以及将要存在的人，他们对建筑的感受，他们与建筑的互动，以及由此积淀形成的各种人文典故，都是建筑不可缺少的组成部分。

在本套丛书中，我会更加注重将建筑史与更为广泛的社会发展史联系起来。建筑风格的变化绝不仅仅是建筑师兴之所至，而是有着深刻的社会背景，有时候是大势所趋，有时候是误入歧途。只有更好地理解这些背景，才能够比较深入地理解和认识建筑。

在本套丛书中，我会更加注重对建筑史进行横向和纵向比较。学习建筑史不仅仅是用来帮助读者了解建筑风格变迁的来龙去脉，不仅仅是要去瞻仰那些在历史夜空中耀眼夺目的巨星，也是要在历史长河中去获得经验、反思错误和吸取教训，只有这样，我们才能更好地面对未来。

我要特别感谢机械工业出版社建筑分社和时颂编辑对于本套丛书出版给予的支持和肯定，感谢建筑学院 App 的创始人李纪翔对于本套丛书出版给予的鼓励和帮助，感谢张文兵为推动本套丛书出版和文稿校对所付出的辛苦和努力。

写作建筑史是一个不断地发现建筑背后的故事和建筑所蕴含的价值的过程，也是一个不断地形成自我、修正自我和丰富自我的过程。

本套丛书写给所有对建筑感兴趣的人。

2018 年 2 月于厦门大学

# 前　言

有一年，在西方建筑史的第一堂课上，我提到西琴在《地球编年史》这套书中基于苏美尔神话故事所得出的关于外星人帮助建立地球文明的猜想。有位同学听完这节课之后就愤而退课了，觉得老师怎么可以在课堂上介绍这么一个把神话故事当作真事的人。我能理解这位同学，大概我在他这个年龄的时候也是这么想的吧。

在本书中，我还会提到两位也曾经把神话故事当作真事的人。一位是德国人谢里曼。他对童年时代父亲给他讲述的特洛伊战争的故事非常着迷。那个时代的许多西方人，小时候大多都应该听过这个故事，等到他们长大后却都仅仅只是把它当作神话，包括那些学富五车的大学者，可是谢里曼却信以为真了。结果呢？他按图索骥，真的找到了特洛伊城的遗址，找到了希腊英雄们的家乡，把西方文明史的源头推前了将近两千年。

还有一位是亚历山大。他的妈妈说他是神的儿子，他信以为真了。后来埃及的祭司也这么跟他说，他就更加相信了。他的老师亚里士多德教导他世界上的人分成希腊人和野蛮人，他们之间是不能相容的。可是亚历山大却觉得，既然他是神的儿子，而神是普照全人类的，所以在他面前全人类都应该是平等的。他希望能够去认识全世界各个地方的人，然后建立一个人类大同的社会。带着这个信念，他从希腊一路走了三万公里，一直走到了印度。

我并不是要在这里论证所有的神话故事都是真的。我只是想说，开放的思想是人类探知世界最好的帮手。我希望这本书能为您打开通向美索不达米亚、埃及和希腊，通向孕育了西方文明的伊甸园和雅典学堂的探奇之门。推开它，世界就在您面前。

## 《西方建筑的故事》丛书序

## 前言

## 引子

# 古代西亚 第一部

## 第一章 苏美尔

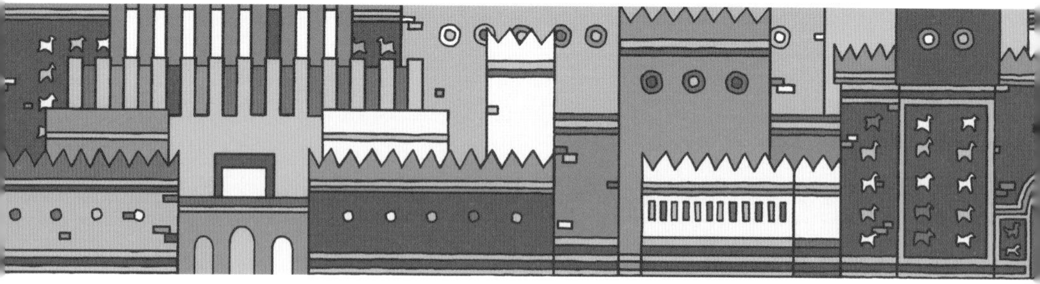

# 第二章
# 巴比伦和亚述

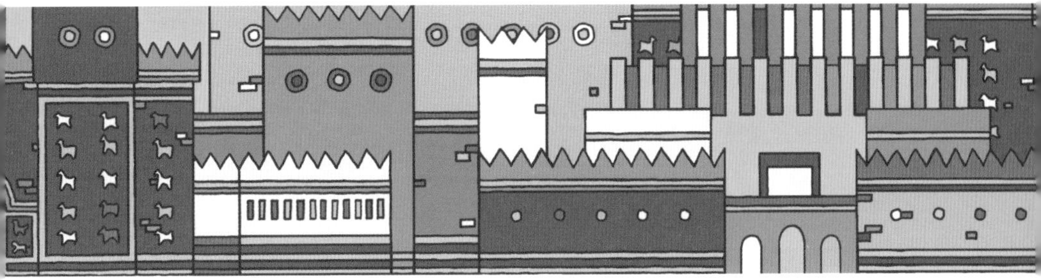



# 第三章
# 以色列

## 第四章
## 安纳托利亚

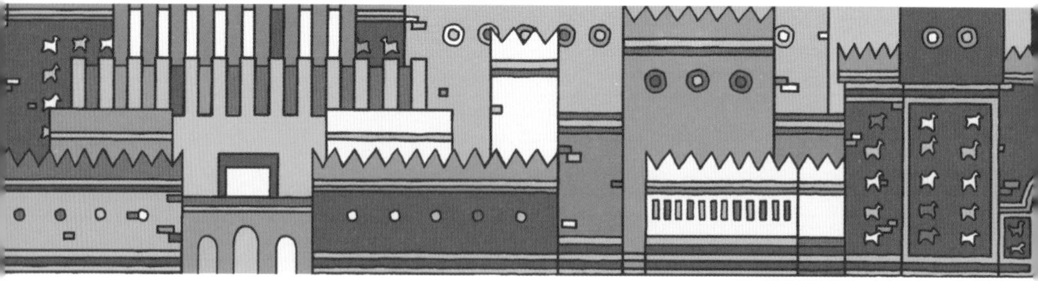



## 第五章
## 波斯

# 古代埃及 第二部

## 第六章 早王朝时期

## 第七章 古王国时期

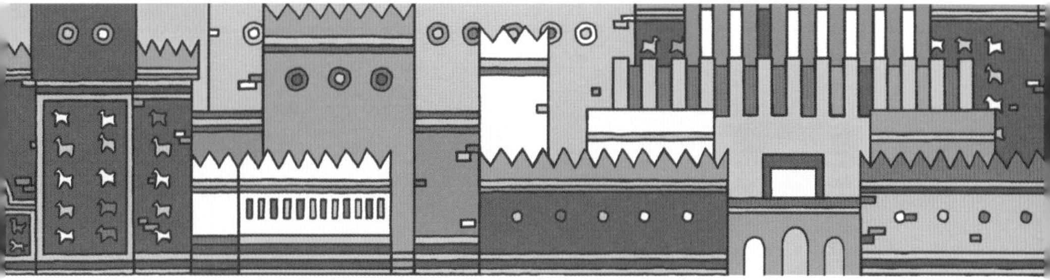

# 第八章
# 中王国时期

# 第九章
# 新王国时期

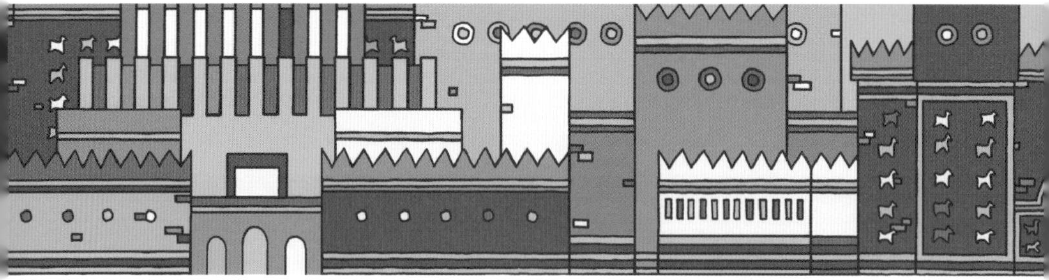

# 第三部 古代希腊

## 第十章 从第三中间期到托勒密王朝

## 第十一章 一位追梦的商人

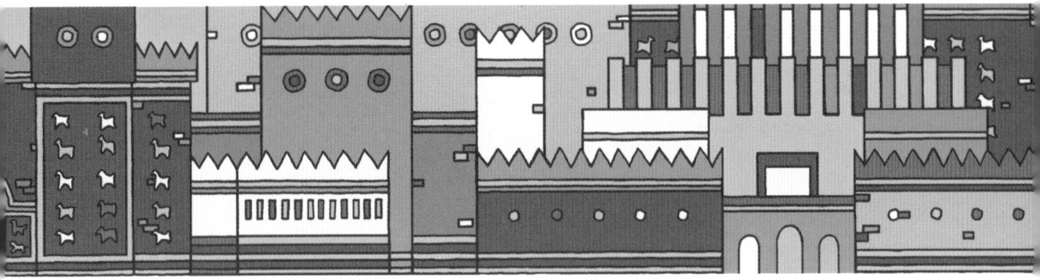

## 第十二章
## 米诺斯时代

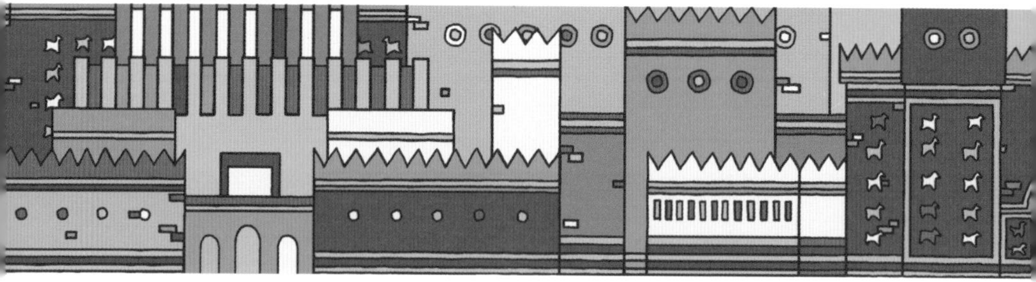



## 第十三章
## 迈锡尼时代

## 第十四章 希腊时代

## 第十五章 雅典

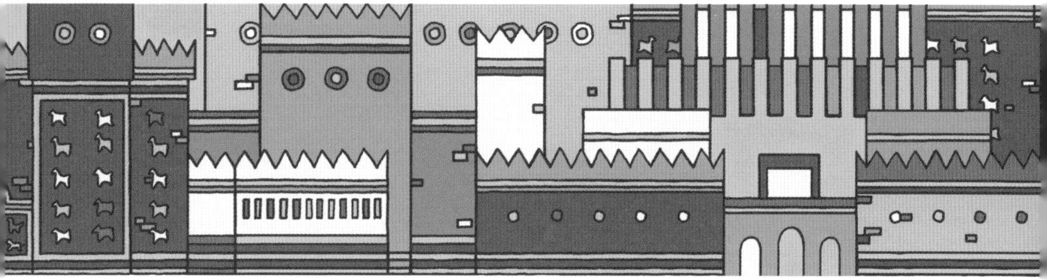

## 第十六章 希腊本土地区

## 第十七章 意大利南部和西西里

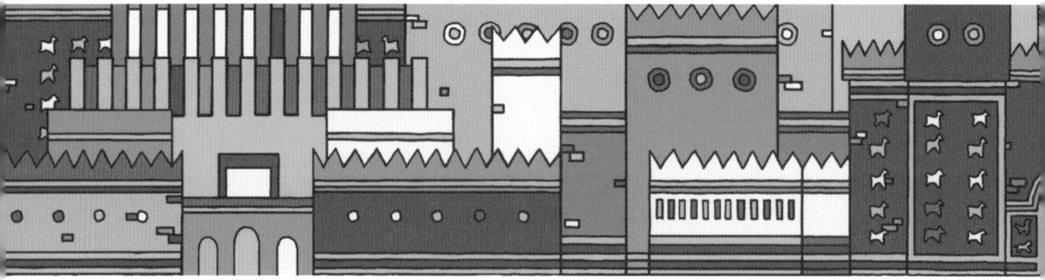

## 第十八章 爱琴海东岸地区

## 第十九章 希腊古典时代的雕塑和绘画

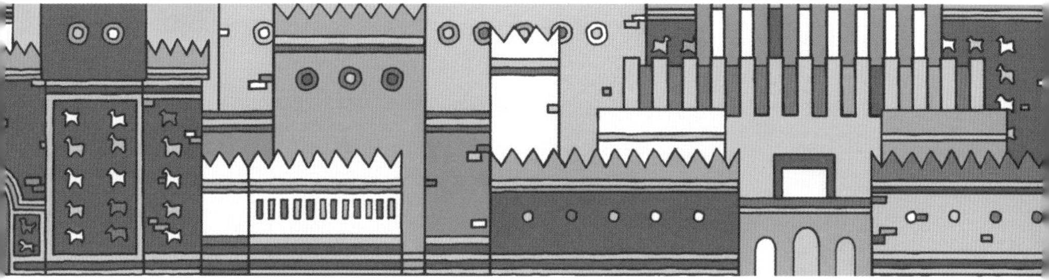

## 第二十章
## 从马其顿王国到亚历山大帝国

## 第二十一章
## 希腊化时代

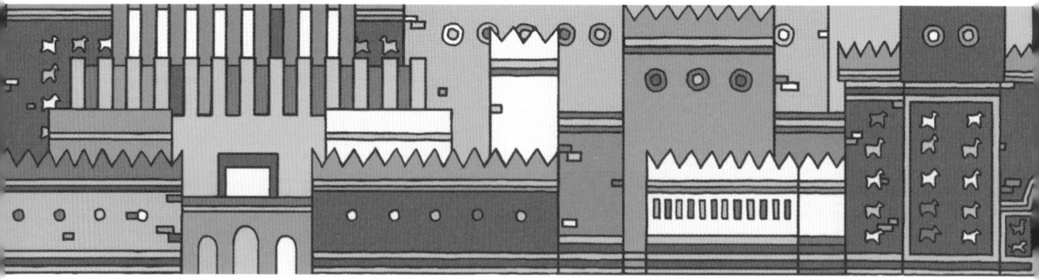

## 尾声

## 附录
## 参考文献

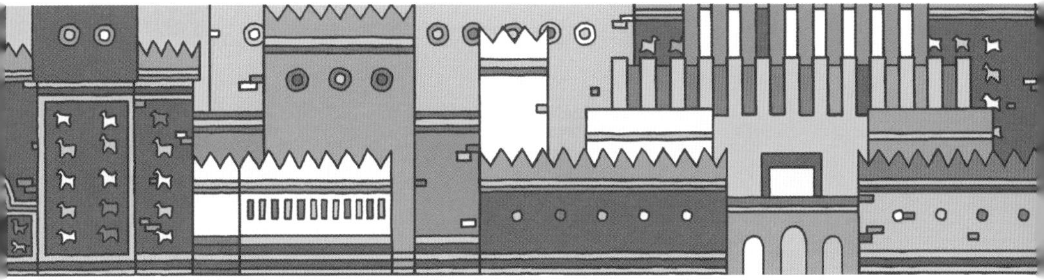

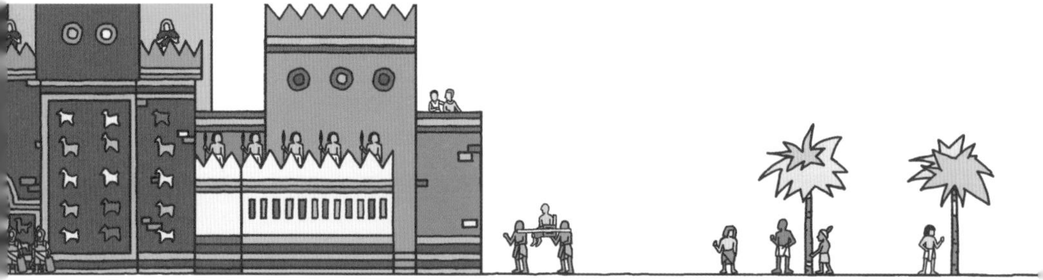

# 引子

终有一天，历史会变为传说，而传说会成为神话。



在土耳其的东南部，有一个叫作哥贝克力（Gobekli Tepe）的小山丘。1994 年，一位牧羊人在这里发现了一处特别的建筑遗址。经过专家们的研究考证，现在我们知道，这是一座建于公元前 10000 年的神庙。

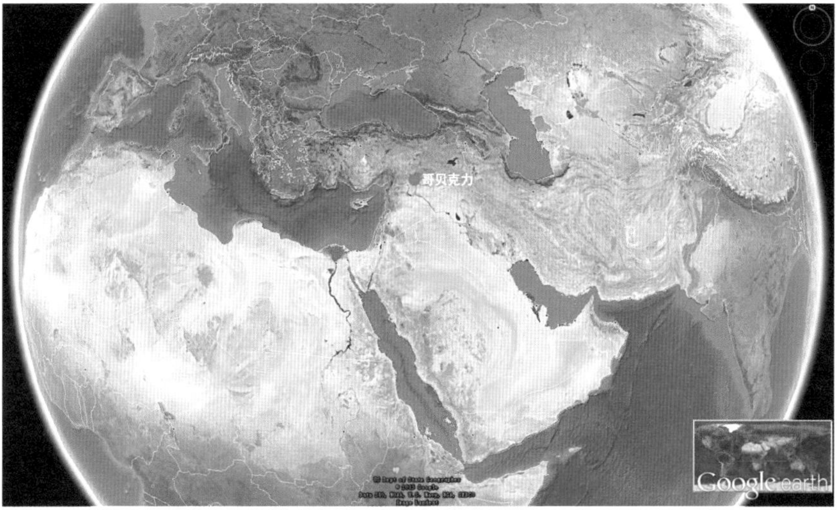


哥贝克力

哥贝克力遗址

哥贝克力遗址局部

哥贝克力复原图（作者：F. Baptista）

公元前 10000 年！我们中国目前所知最古老的新石器时代文化类型裴李岗文化大约出现于公元前 6000 年，也就是整整 4000 年以后！在那样一个极其遥远的年代，在世界上其他地方生活的人类还只是像动物一样四处漫游、追逐猎物、寻食野果的时候，理论上仍然处于旧石器时代的哥贝克力人就能够使用某种我们现在无法想象的工具——有可能会是我们在博物馆里见到的那种旧石器时代的石斧吗？——将几十块高达 3~5 米、重约十几吨的巨石切割成整整齐齐的 T 字形，上面雕满各种动物形象，然后环绕形成一座座圆形神庙。

这是一个颠覆性的历史发现。难道说在任何人类社会形成之前就已经出现有组织的宗教了？他们敬仰的是怎样的神？是怎样的神在指导他们切割石头？如果我们进一步联想，差不多就在同一个时刻，就在哥贝克力附近的地方，世界上最早的小麦、黑麦和燕麦被驯化，最早的家畜猪、牛、羊被驯服；就是在这个地方，人类终于能够第一次开始有别于野兽的游弋，能够第一次开始真正像人一样生活。这一切究竟是怎样突然发生的呢？难道说，真的是像包括我们中国在内的许多民族上古神话传说中的那样，是有“神”的力量在帮助人类吗？人真的是由“上帝”“梵天”“卜塔”“普罗米修斯”或者“女娲”们创造出来的吗？

前些年，我看了一套美国作家撒迦利亚·西琴（Z. Sitchin）写的《地球编年史》（The Earth Chronicles），将信将疑。西琴先生据说是一位精通目前已知的最古老的文字——苏美尔楔形文字（下文将会介绍）的学者。㊀通过对苏美尔泥板书特别是苏美尔史诗《吉尔伽美什》（The Epic of Gilgamesh）的研究和解读，他在《地球编年史》这部巨著中讲述了一个关于太阳系尚不为人所知的第十大行星尼比鲁星（Nibiru）诞生的故事。在右侧这张照片中，西琴手里拿着现存

西琴：《地球编年史》

西琴手里拿着苏美尔泥板书的复制品

㊀ 许多学者对此表示异议。

于德国柏林博物馆的苏美尔印章的放大复制件。在这个复制件的左上角有一个星图的形状，西琴认为这就是太阳系：中间那颗光芒四射的是太阳，在太阳的周围，从右边那个人高抬的胳膊肘处开始，逆时针分布着水星、金星、携带着月亮的地球、火星、木星、尼比鲁星（按照西琴的观点，这是它的近日点位置）、土星、天王星、海王星和冥王星。这可能吗？要知道这块泥板书可是5000年前刻下的，而天王星、海王星和冥王星才被我们人类“发现”了不到250年。在这之前，我们的太阳系里被我们所认知的行星，怎么数都数不出那么多来的。可是如果不是太阳系的话，那又会是什么呢？



在西琴的故事里，这颗第十大行星（或者用罗马字母恰当地称之为X，一个神秘的数字）上的外星人曾在50万年前光临地球，并在20万年前通过基因改造创造了智人。他认为这就是地球上由智人的后代所繁衍出的各个民族都有天神造人传说的源头。差不多在12000年前，就是我们看到的这座哥贝克力神庙建造之前的某一年，由于某种变故，这些外星人决定离开地球。在临走之前，他们

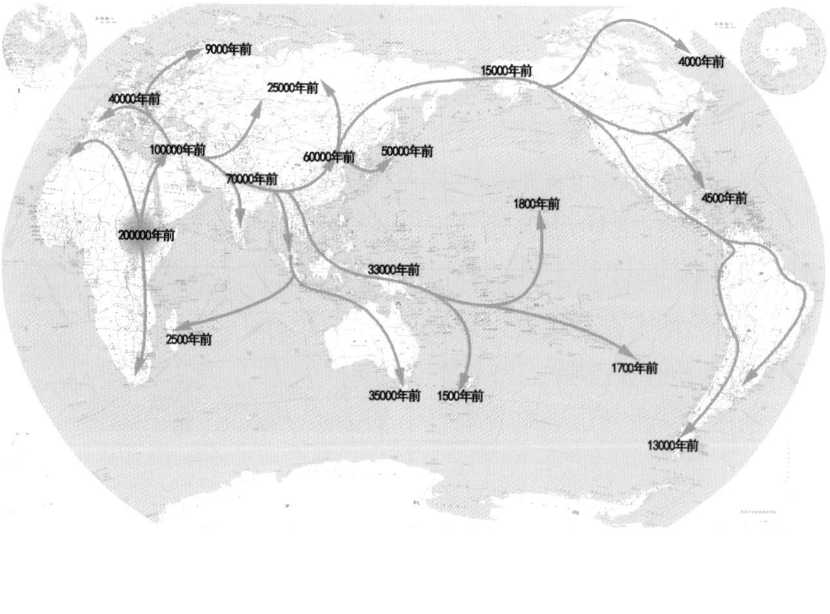


智人迁徙图（参考《泰晤士世界历史》绘制）

中的一位科学家帮助位于哥贝克力附近尚处原始状态的人类躲避了大洪水，然后又教会他们种植庄稼、驯养家畜。

很多人觉得西琴的故事纯属曲解和编造，不过其中关于太阳系有可能存在第十大行星的这个观点已经部分得到证实。2016年，美国加州理工学院天文学教授M. E. 布朗（M. E. Brown）宣布，他们发现了太阳系第十大行星存在的证据——当然按照布朗的说法是第九大行星，因为就是在他的推动下，冥王星被开除了太阳系大行星的资格。

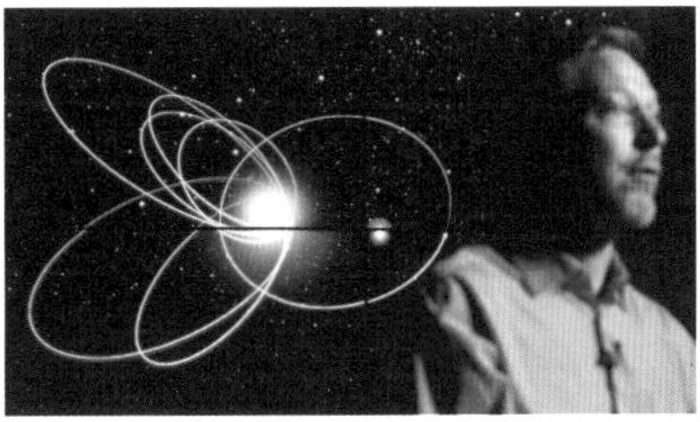

布朗教授宣布：他的课题组发现第九大行星存在的证据



历史研究的乐趣之一就在于，我们研究得越深入，就会发现我们对于过去的了解越肤浅。有人说：“时间久远的历史会因为逐渐被人淡忘而变成传说，而更加久远的传说则只留下神话被人铭记。”这话实在是很有哲理。在我们对西琴的观点嗤之以鼻之前，不妨稍稍想一想，今天被我们理所当然视之为神话传说的东西，会不会真的有哪怕一丝一毫

（清）丁观鹏：烂柯仙迹图

的确实之处呢？比如中国古代的“烂柯”传说，“山中方一日，世上已千年”，这分明是爱因斯坦（A. Einstein）赖以成名的相对论思想，难道说我们的老祖宗两千年前就已经发现了？ 他们从何得知呢？

对于在哥贝克力所发现的这座令人不可思议的建筑遗址，西琴没有给出解答。我在这里顺着西琴的思路天马行空地猜想一下：为了永久纪念这一历史性的事件，感恩的人类向外星人借来了切割打磨的工具，建造了哥贝克力神庙。

这会是哥贝克力之谜的谜底吗？

我不知道。但是，不管怎样，从12000年前的那个时刻开始，人类终于能够像人一样生活，我们也可以由此踏上这趟建筑之旅。



哥贝克力神庙（作者：Arellano）

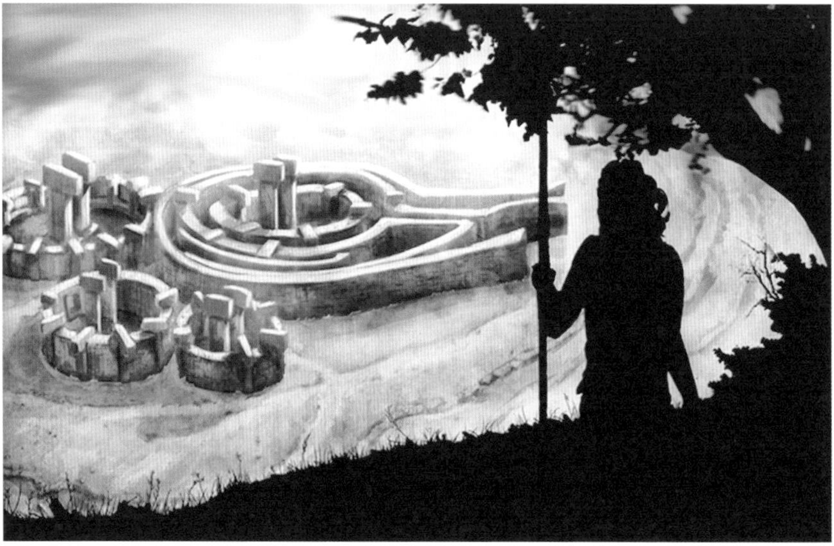

# 第一部

# 古代西亚

# 第一章 苏美尔

『文明的摇篮。』



## 1-1 苏美尔文明

如果把地球诞生至今的时间压缩成一年的话，那么，我们人类的先祖与类人猿大约是在 12 月 31 日傍晚 6 点左右才分道扬镳开始向人类进化，而后又过了将近 6 个小时，在这一年即将结束的最后 40 秒，人类历史上的第一个文明才呱呱坠地。

尽管人们对于文明的定义可能还有这样或者那样不同的看法，对于人类历史的认识也肯定会随着新的考古发现而有所发展，但是就目前来说，对于人类文明最早的诞生地还是有一个比较一致的观点。大约在公元前 3500 年前后，当世界上其他地方的人类还生活在简陋的茅屋甚至洞穴之内的时候，在今天伊拉克境内底格里斯河（Tigris）和幼发拉底河（Euphrates）下游的美索不达米亚地区

苏美尔文明（约前3500年），图上的红点为当时已经出现的城市

（Mesopotamia，意思是两河之间），人类历史上最早的一批城市开始出现，人类的第一个文明就在这片土地上诞生了。

经常在电视新闻上关注国际形势的人，对伊拉克这个国家的基本样貌应该不会感觉太陌生。这样一个满目荒凉、干旱、草木不生、甚至连石头都没有的地方，很难让人相信竟然会是人类文明的摇篮。在这片土地上，一年之中可能会连续八个月没有降雨，最热的夏天温度会达到50℃。而雨水的出现往往是猝不及防的，眨眼之间，泛滥的洪水就漫过河滩，吞没了土地和家园。很显然，这里不大适合人类的定居。然而这仅仅是表面现象。就在这个看似没有希望的外表之下却蕴含着一片极为肥沃的土壤，泛滥的洪水年复一年地为它增添肥力。

不知道是在什么时候，一个至今也没有搞清楚是从哪里来的民族流浪到了这里。他们有着与生活在周围的其他民族很不一样的语言和文化习俗。按照今天学者们的考证，他们既不属于主要生活在美索不达米亚东北方向的原始印欧人（Proto-Indo-Europeans），也

埃什南纳（Eshnunna）出土的正在祈祷的苏美尔人像（约作于前 2700 年）

不属于主要生活在美索不达米亚西南方向的闪米特人（Semites）。甚至他们的头发的颜色也与邻居们很不一样，邻居们都把他们称为“黑发人”。其中的某个邻居将这个绰号读作“Shumer”，这个发音以后被大家普遍接受，就成为这个民族的正式称呼，叫作“苏美尔人”（Sumerians）。

表现耕作场景的苏美尔印章（约作于前 2100 年）

苏美尔人到来之后，很快就发现了这个地方所埋藏的秘密。在这片肥沃的土地上，粮食收获的总量竟能够达到播下种子的数十倍！当然这样令人难以置信的收获并不是无条件的。苏美尔人必须组织起来以克服缺乏降雨所造成的困扰。他们在强有力的人物——国王——的领导下，通过大规模的集体劳动在荒野里开掘水渠，让河水即使是在旱季也能不停地滋润着土地。

表现苏美尔首领乘船巡视的印章

拜这片土地所赐，在人口大量增长的同时，粮食收成大大超过所需。于是有一部分人逐渐脱离了农业生产，他们聚集在城市里，过着与农业人口完全不同的

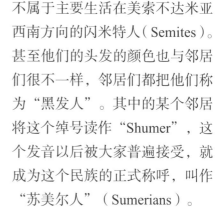

城市生活。有的帮助国王管理城市，监督他人劳动。有的成了专门的手工艺人，依靠精湛的手艺同样可以换得足够的粮食。

苏美尔人用鸵鸟蛋制作的罐子（约作于前2600年）

为了便于用这些根本吃不完的粮食去交换其他民族才拥有的稀有物品，城市管理者发明了特别的记录符号——文字。最早的文字是图画式的。但很快，他们改进了文字的形式，使其不仅可以表意，也可以表音；不仅可以用来计数，更可以用来交流思想、传播知识。由于缺乏其他合适的载体，苏美尔人将文字用削尖的棍子楔写于泥板之上，以其独特的形式获得了“楔形文字”（Cuneiform Script）的称号，成为中东多个文明的共同文字祖先。

苏美尔泥板书（约作于前3100—前3000年）

对于慷慨赐予他们一切却又反复无常、捉摸不定的老天爷，苏美尔人的内心里充满了感激、恐惧、敬畏和崇拜之情。他们为老天爷建造了宏伟的神庙。没有木头和石头，他们就把泥巴与茅草掺和在一起做成泥砖，表面则用镶有小石子的“土钉”或者涂

一座苏美尔神庙遗迹，用来装饰和保护外表的“土钉”大约有10厘米长

尼尼微出土的苏美尔史诗《吉尔伽美什》片段，讲述了大洪水的故事（泥板约作于前7世纪）

上沥青来加以保护和装饰。他们“编造”了包括上帝造人和大洪水在内的各种神话故事来表达对世界的认识。他们“创造”了伊甸园。

## 1-2 埃利都

早期的苏美尔人社会是由一系列相互独立的城邦国家构成的。这些城邦之间为了争夺财富和水源长年争战。在此期间，先后有一些城邦曾经取得过霸主或盟主的地位，就像中国古代的“春秋五霸”一样。

埃利都（Eridu）是苏美尔地区建立的第一座城市，位于当时的幼发拉底河入海口附近。后来随着幼发拉底河改道和河口淤积，埃利都失去了地理上的优势，逐渐被废弃。原本用泥砖修建的巍峨的神庙建筑因为无人养护而风化瓦解，千百年后只剩下一摊摊的泥堆与沙漠为伴。

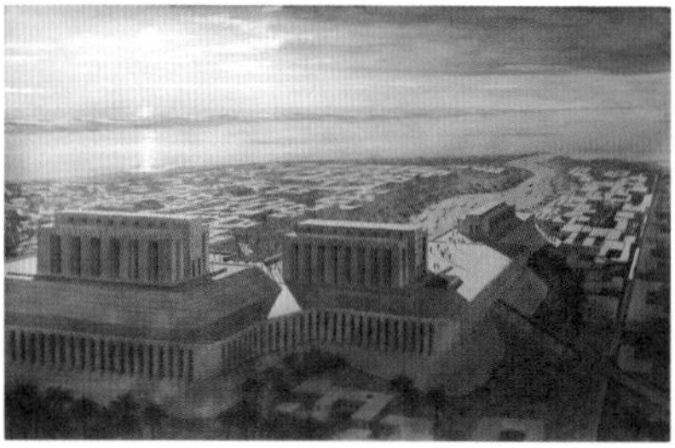

埃利都复原想象图（作者：B. Balogh）

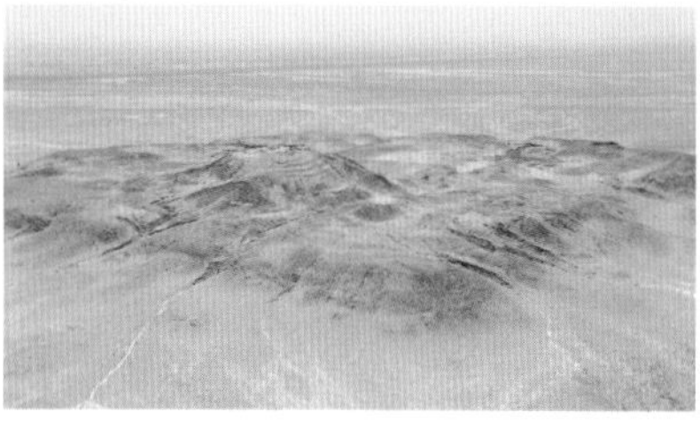

埃利都遗址

## 1-3 乌鲁克

乌鲁克（Uruk）[一]也是早期苏美尔人的主要城邦之一。苏美尔史诗《吉尔伽美什》的主人公吉尔伽美什（Gilgamesh，约前 2700 年前后在位）就是这座城邦的统治者。这部《吉尔伽美什》是目前所知人类最早的文学作品，其最初的版本发现于公元前 21 世纪。史诗中所描绘的半神半人的英雄及其传奇般的故事给予了包括西琴在内的后人无尽的遐想。

吉尔伽美什（雕像作于前 8 世纪）

乌鲁克复原图（作者：Artefacts）

差不多就在吉尔伽美什生活的时代，乌鲁克城邦发展达到鼎盛，城市面积约 6 平方公里，四周城墙耸立，城内有两处主要的神庙建筑群，人口最多时超过 50000 人，是当时最大的城市。

乌鲁克神庙遗址



[一] 一般认为，Iraq（伊拉克）这个单词的起源可能就是 Uruk（乌鲁克）。

# 1-4 阿卡德帝国

一位阿卡德君主的青铜头像，很可能是萨尔贡（约作于前2300年）

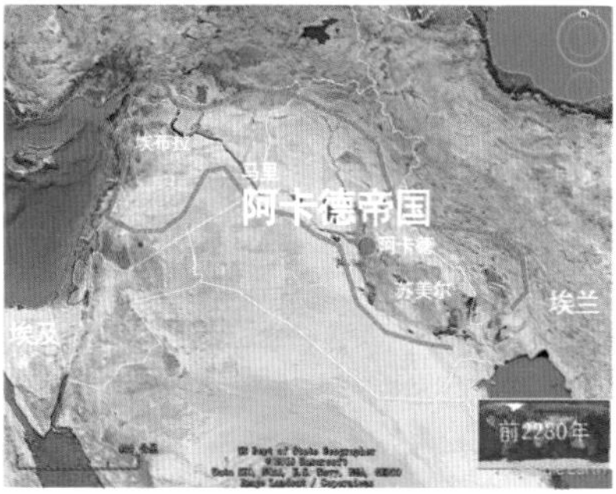


阿卡德帝国（前2230年）

大约在公元前2334年左右，位于苏美尔北方由闪米特族建立的阿卡德（Agade，其具体位置目前尚无法确定）城邦，在首领萨尔贡（Sargon，意思是“真正的王”，前2334—前2279年在位）的带领下征服了整个美索不达米亚地区。之后他的孙子纳拉姆辛（Naram-Suen，前2254—前2218年在位）又率军征服了阿卡德北方的马里（Mari）和埃布拉（Ebla）两大城邦，将波斯湾与地中海之间的各个文明区域全部统一在一个政权之下，从而建立了人类历史上的第一个帝国㊀，改变了两河流域城邦相争长期分裂的局面。

㊀ 在政治学上，帝国一般指的是那种统治疆域辽阔、治下民族众多、文化多样并且采用君主制政体的国家形式。相比而言，同样采用君主制政体的单一民族国家一般称为王国。不过二者之间常常有混用的情况。

## 1–5 马里

位于今日叙利亚东部的马里古城最早建于公元前 2900 年，在被阿卡德帝国征服前，就已经是一个十分繁荣的城邦国家。阿卡德帝国解体后，马里重新恢复独立，控制了幼发拉底河中游的大片土地。

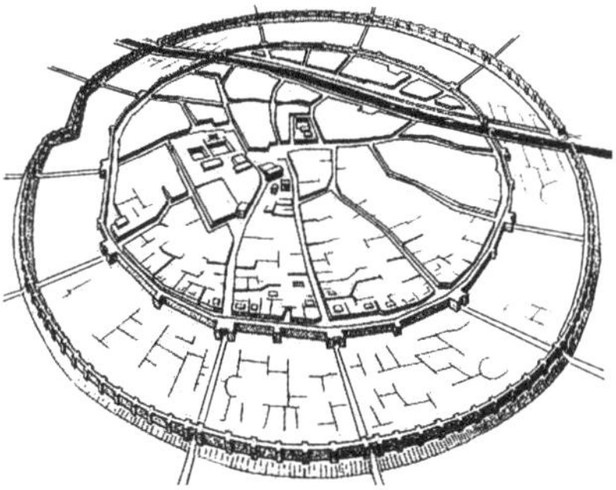
马里城复原图（作者：N. Bresch）

全盛时期的马里城坐落在幼发拉底河西岸,城市平面呈圆形,有两道城墙予以保护，外部直径约 2 公里，有一条人工开凿的运河在城市偏东北一侧穿城而过，将城市与幼发拉底河联系在一起。城中的布局并未采用几何图形,而是顺着地理条件自然布局。宫殿位于城市中央，由大约 300 个房间围绕着两座大院组成。

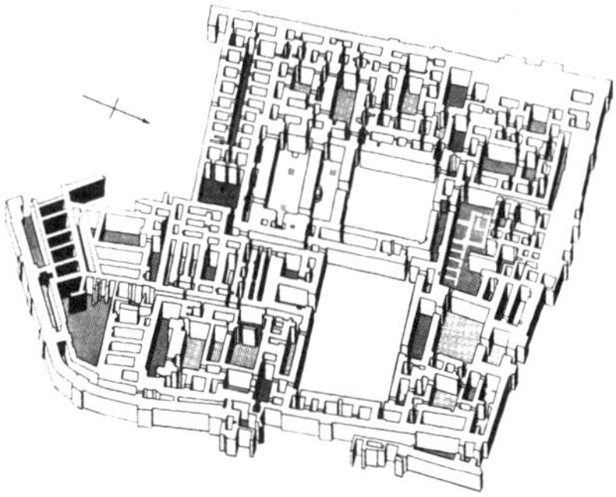
马里王宫复原图（图片：K. Carr）

公元前 18 世纪，马里城被巴比伦国王汉穆拉比占领并摧毁。

马里城遗迹

# 1-6 埃布拉

埃布拉遗址

在被阿卡德帝国征服之前，位于今天叙利亚的埃布拉已经繁荣了好几百年了。埃布拉城建于公元前3000年前后，是苏美尔地区以外最早出现的城邦文明之一。到公元前24世纪时，埃布拉已经成为地中海东岸一个繁荣富庶的城邦国家，其中仅居住在城中的人口就有22000人，算得上是那个时代的世界级大城市了。

埃布拉遗址出土的泥板书

1962年，意大利考古学家马蒂尔博士（P. Matthiae）率领的罗马大学考古队发现了这座古城遗址。其中最珍贵的遗物当属在其王室档案馆中所发现的将近20000块楔形文字泥板书，成为今天我们通往美索不达米亚文明的重要时空隧道。

1-7

# 拉格什

纳拉姆辛死后，阿卡德帝国就走向衰落和灭亡。在这期间，位于两河之间距离海岸不远的拉格什（Lagash，今天已经离海岸线很远了）一度成为苏美尔地区最强大的城邦。

这座城市如今没有多少有价值的建筑遗迹留存。在这里能看到的最有趣的遗物当属国王古地亚（Gudea，前 2144— 前 2124 年在位）的二十多座花岗石雕像。在其中一尊坐像的大腿上，平放着一幅建筑平面图，可能是一座神庙。许多雕像的衣裙上还刻着描述城邦贸易、宗教和政治内容的碑文。

古地亚坐像

古地亚坐像上的神庙平面图

# 1-8 乌尔

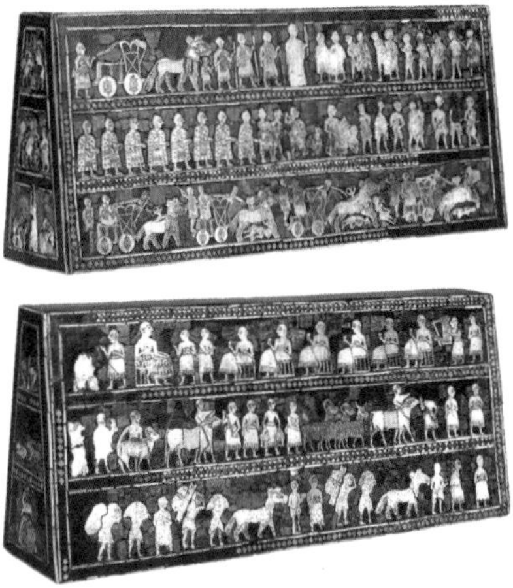
反映早期乌尔王朝战争、征服、庆宴与和平景象的木盒镶嵌画《乌尔的军旗》（约作于前2600年）

公元前2112年，苏美尔地区最古老的城邦之一乌尔（Ur）的首领乌尔纳姆（Ur-Nammu，前2112—前2095年在位）再次统一了苏美尔各城邦，历史上称之为乌尔第三王朝（Third Dynasty of Ur，前2112—前2004）。

乌尔纳姆向月神南纳奉献贡品（约作于前2100年）

在苏美尔人的世界里，天地万物是由一个以安努（Anu）为首的神族来主宰的，安努之子恩利尔（Enlil）是地球的主神。在恩利尔的主持下，这个家族的每一个主要成员都居住在不同的城市，成为每座城市的守护神。这些神灵间常常相互争斗，其结果往往决定了各个城邦的兴盛衰

乌尔人朝拜神庙（作者：O. Frey）

亡。乌尔城的守护神是恩利尔的长子月神南纳（Nanna）。在乌尔纳姆统治时代，乌尔人为南纳神修建了一座宏伟的神庙。这座神庙被较为完整地保存下来，成为苏美尔文明的见证。

乌尔的月神南纳神庙复原图（作者：J. C. Golvin）

如同其他苏美尔神庙一样，这座神庙建造在由泥砖层层叠起的、如同金字塔状的平台之上，因而有“塔庙”（Ziggurat）之称。它的底层基座长64米、宽45米，原高度超过30米，现存部分高约21米。有三条长坡道登上第一层台顶。其上方还有两层平台，最高处是用大量的名贵木材和石头修建的月神庙。

乌尔的月神南纳神庙遗迹

乌尔城复原图（作者：L. Amoros & M. Orellana）

乌尔城的总平面大致呈椭圆形，南北长约1.2公里，东西宽约700米，幼发拉底河从城西流过，在城西和城北各有一个港口。塔庙以及其他宗教建筑位于城市的中西部，主要的居民区位于城南部分。城中估计有居民35000人，住宅大多采用庭院式布局，居室房间围绕主要庭院布置，与今天的居住模式没有大的不同。

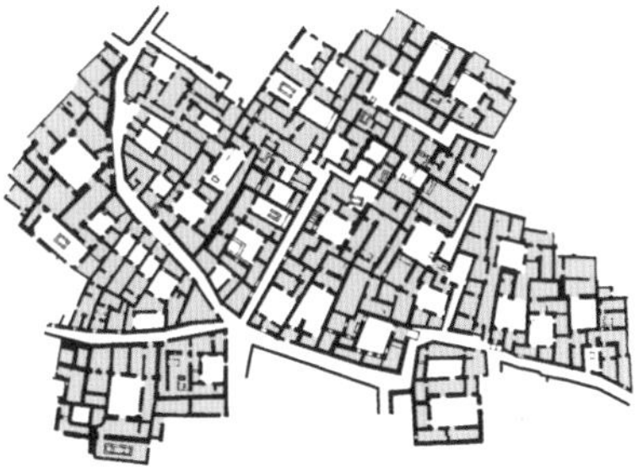

乌尔城内居民区遗址局部平面图

乌尔第三王朝在乌尔纳姆的孙子阿马尔辛（Amar-Sin，前2046—前2038年在位）在位的时候达到鼎盛。但在他去世之后不多久，盘踞在两河上游的阿摩利人（Amorites）就侵入苏美尔地区。乌尔王作战失利，地方总督趁乱割据自立。这之后，位于今天伊朗境内的埃兰人（Elam）给了乌尔王朝最后一击，公元前2004年，乌尔第三王朝灭亡。乌尔城在战乱中遭到破坏，虽然以后还继续存在了大约1500年，但已彻底失去了政治上的重要地位，最终由于幼发拉底河改道（现位于遗址以东约10公里）而被废弃。



乌尔第三王朝是苏美尔人建立的最后一个政权。就像他们曾经神秘地到来一样，他们也同样神秘地离开这片土地，从此再也没有在历史舞台上露面㊀，只有他们所创造的文化通过后继者巴比伦和亚述继续发扬光大。

乌尔城遗迹

㊀ 有一种极有争议的说法，说是一部分苏美尔人在这个时期离开西亚，一路来到中国。中国的第一个文明夏朝正好就是在那个时代建立的。

# 第二章 巴比伦和亚述

以牙还牙，以眼还眼。



## 2-1 汉穆拉比和古巴比伦王国

美索不达米亚地区的下一个伟大人物名叫汉穆拉比（Hammurabi，前 1792—前 1750 年在位）。他是从叙利亚迁来的阿摩利人的后代，统治着巴比伦（Babylon）这座不久前还只是幼发拉底河畔一座微不足道的小城。公元前 1763 年，汉穆拉比从巴比伦出发，只用了不到 10 年时间就再次统一了苏美尔—阿卡德地区，建立了古巴比伦王国。在他的有力统治下，巴比伦一跃成为未来 1000 多年美索不达米亚和整个中东地区最重要的权力中枢之一。

可能是汉穆拉比的头像，不过也有人认为这尊头像的制作年代要更早一些

汉穆拉比法典石碑局部，上部左侧是汉穆拉比，右侧是象征正义的太阳神沙玛什（Shamash，月神南纳之子）

汉穆拉比时代留下的最重要的遗物是一座雕刻着世界现存最古老的成文法典之一的玄武岩石碑，“以牙还牙，以眼还眼”是其基本纲领。

汉穆拉比去世后不久，他的帝国就瓦解了。在随后的岁月中，加喜特人（Kassites）成为巴比伦的主人，使之继续保持繁荣发展。

## 2-2 亚述

正当巴比伦在两河下游崛起的同时，位于上游的闪米特族亚述人（Assyrians）也开始兴盛起来，成为美索不达米亚地区新兴的强大力量。

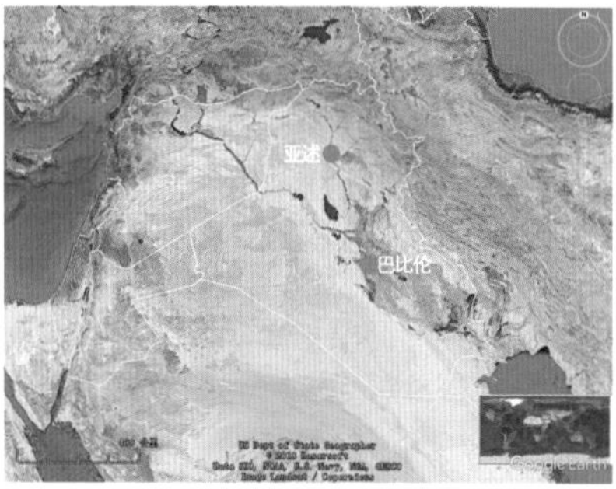


亚述和巴比伦

早期的亚述王国首都设在古城亚述（Assur），平面形状略呈三角形，城市的东北两面紧靠底格里斯河，西南面则有护城河环绕，宫殿和几座大型塔庙都建造在城北的高地上。

亚述古城复原图（作者：W. Andrae）

## 2-3 尼姆鲁德

公元前9世纪，亚述国王亚述纳西尔帕二世（Ashurnasirpal II，前883—前859年在位）将都城迁往亚述城北部不远处的尼姆鲁德（Nimrud）。1845年，英国人A. H. 莱亚德（A. H. Layard）发现了这座城市的遗址。其平面呈不规则的矩形，东西约2.2公里，南北约2公里，东、南、西三面临河。宫殿区位于西南角的高地上。

表现亚述王纳西尔帕二世猎狮场景的浮雕

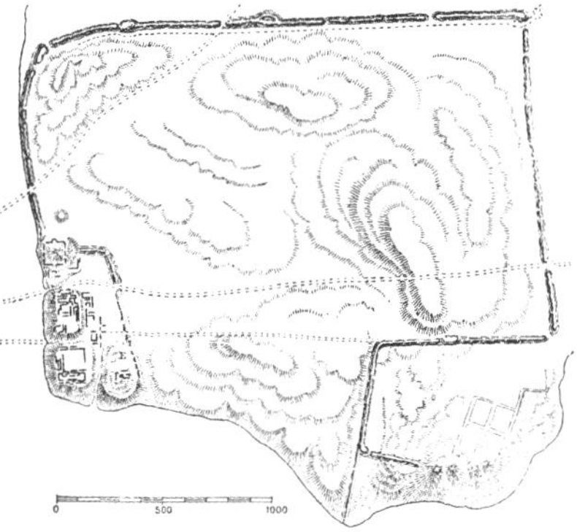

尼姆鲁德平面图（作者：F. Jones）

宫殿的大门都用成对出现的带翼人面牛身或者人面狮身石像来进行装饰。其中人面牛身的被称为舍杜（Shedu），人面狮身的被称为拉玛苏（Lamassu），两者的区别主要在脚爪的造型上。㊀其面部据说是按照亚述国王的样貌雕刻的。宫殿的墙面则装饰着表现亚述征服战争以及国王猎狮场景的浮雕。这样的猎狮活动往往具有礼仪的性质，用来彰显国王的勇气和责任。

尼姆鲁德觐见厅复原图（作者：A. H. Layard）

尼姆鲁德出土的带翼人面牛身像

㊀ 也有人把它们都称为拉玛苏。

## 2-4 杜尔舍鲁金

萨尔贡二世

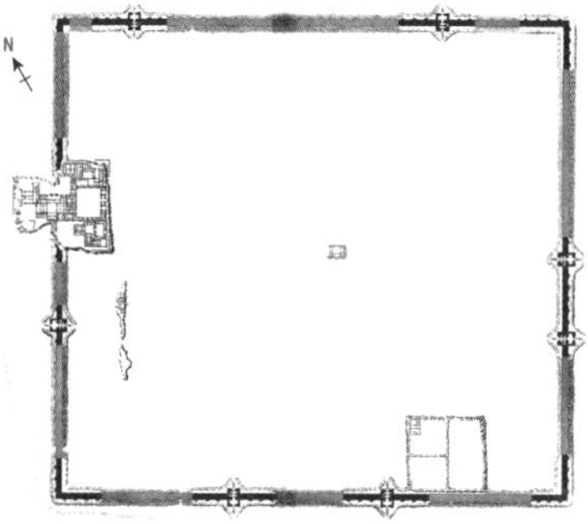

杜尔舍鲁金平面图（作者：V. Place）

杜尔舍鲁金王宫复原图（作者：C. Altman）



公元前8世纪末，另一位强有力的国王萨尔贡二世（Sargon II，前722—前705年在位）又将首都迁往更偏北的杜尔舍鲁金（Dur-Sharrukin，意为萨尔贡城堡，这个地方今天被称为豪尔萨巴德 Khorsabad）。1843年，法国外交官兼考古学家P. E. 博塔（P. E. Botta）发现了这座都城和宫殿遗址。这座城市平面近乎方形，面积大约有3平方公里。城市周围用约20米高的城墙围合，其间开有7座城门。

王宫建造在城市西北方向的高地上，其中一部分向外凸出于城墙。王宫内包含有30多个大小院子，还有一座高大的塔庙。塔庙的坡道呈螺旋形，与乌尔塔庙的造型有所不同，也是两河流域常见的塔庙形式之一。

由两座高大塔楼夹持着的王宫大门采用拱形结构，两侧也矗立着巨大的、象征智慧和力量的带翼人面牛身浮雕，其中最大的高达 4 米，重约 25 吨。

杜尔舍鲁金王宫大门复原图（作者：F. Thomas）

这种拱形结构最早出现于何时怕已不能考证，但它确实是美索不达米亚人对世界建筑技术发展做出的最有价值的贡献。缺乏石木材料以及大量使用泥砖肯定是促使他们发明拱的原因，因为泥砖不可能像大块的石头或木头那样可以用来构筑平梁，因而只有借助拱形结构才能架起屋顶和扩大室内空间。

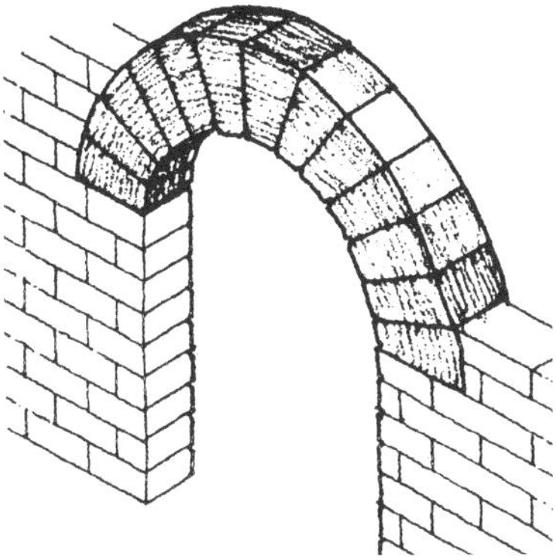
拱形结构示意图



## 2-5 尼尼微

萨尔贡二世还没有来得及好好地享受他的新宫，就在一次征战中战死了。他的儿子辛那赫里布（Sennacherib，前 705—前 681 年在位）也是一位有为的国王。早在他当政之前一个多世纪，南方的巴比伦就已经沦为亚述帝国的傀儡，但是从公元

辛那赫里布（图片：Walker Art Library）

尼尼微出土的一块浮雕，表现亚述军队正在拆除一座被占领城市的城墙，前景的一队士兵手里拿着战利品

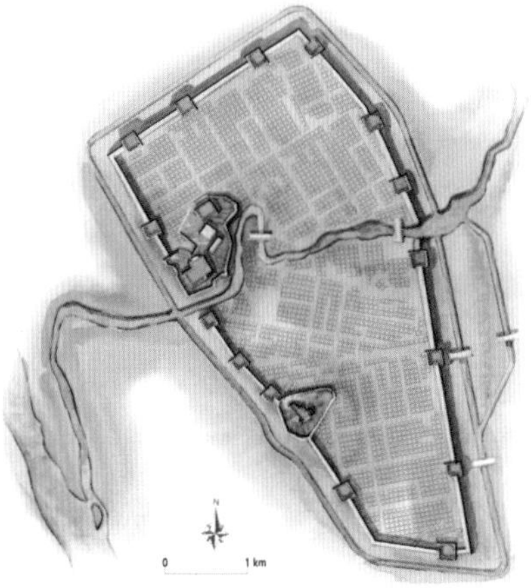


尼尼微平面图（图片：Map Porn）

尼尼微复原图（作者：A. H. Layard）

前10世纪就开始在这一带生活的迦勒底人（Chaldeans）始终没有停止对亚述人的反抗。在一次平叛之后，辛那赫里布彻底摧毁了古巴比伦城。他夸耀说：“我摧毁巴比伦比用洪水冲洗得还彻底，使这里俨然如一块草地。”[1]

辛那赫里布又将首都迁往尼尼微（Nineveh）。莱亚德发现尼姆鲁德时曾误把它当作是尼尼微，但后来他又发现了真正的尼尼微古城遗址。该城呈不规则的南北向长方形，周长约12公里。

在辛赫那里布时代，尼尼微是世界上最大的城市，与尼姆鲁德、杜尔舍鲁金等几座邻近城市共同组成一个繁荣的城市群。辛赫那里布在尼尼微建造了图书馆，所藏泥板书超过24000块。现存的苏美尔史诗《吉尔伽美什》文本就是在这座图书馆的遗址上被发现的。

## 2-6 极盛时期的亚述帝国

公元前671年，辛赫那里布之子阿萨尔哈东（Esarhaddon，前681—前669年在位）征服埃及。亚述帝国达到极盛。

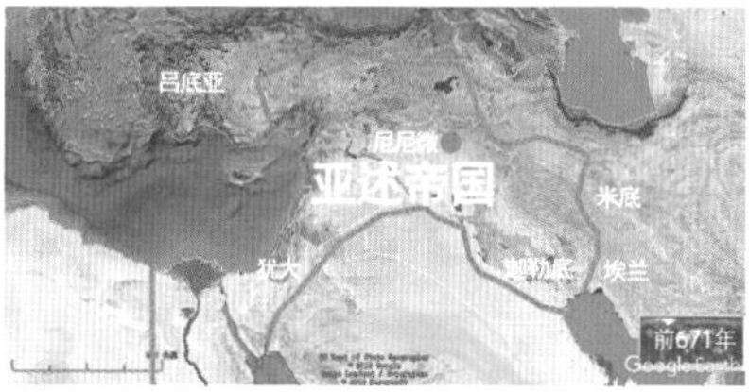


亚述帝国（前671年）



## 2-7 亚述灭亡

有道是盛极必衰。公元前626年，迦勒底人再次发动起义。他们与伊朗高原的米底人（Medes）组成联军，于公元前612年攻陷亚述首都尼尼微。作为报复，尼尼微就像当年被亚述摧毁的古巴比伦城一样被夷为平地。一位犹太先知描述说："这是素来欢乐安然居住的城，心里说，唯有我，除我以外再没有别的。现在何竟荒凉，成为野兽躺卧之处。凡经过的人都必摇手，嗤笑她。"（《旧约全书·西番雅书》第二章）

尼尼微陷落（作者：J. Martin）

## 2-8 新巴比伦城

迦勒底人所建立的新巴比伦王国第二任国王尼布甲尼撒二世（Nebuchadnezzar II，前 605—前 562 年在位）是一位有为的帝王。在他的领导下，新巴比伦王国成为美索不达米亚地区的新霸主，古老的巴比伦城再次焕发活力，成为当时世界上面积最大、人口最多和经济最繁荣的城市。



这座焕然一新的巴比伦城由两道城墙环绕。其外城位于幼发拉底河东岸。内外城之间的大片空地主要用作农田，以应付被敌方围城的紧急状况下的粮食供应。内城平面近似方形，四周有护城河环绕，幼发拉底河穿城而过。除了沿着幼发拉底河两岸的城墙只是一道单墙之外，内外城城墙均为双重结构，内侧较外侧更高，以加强防御。

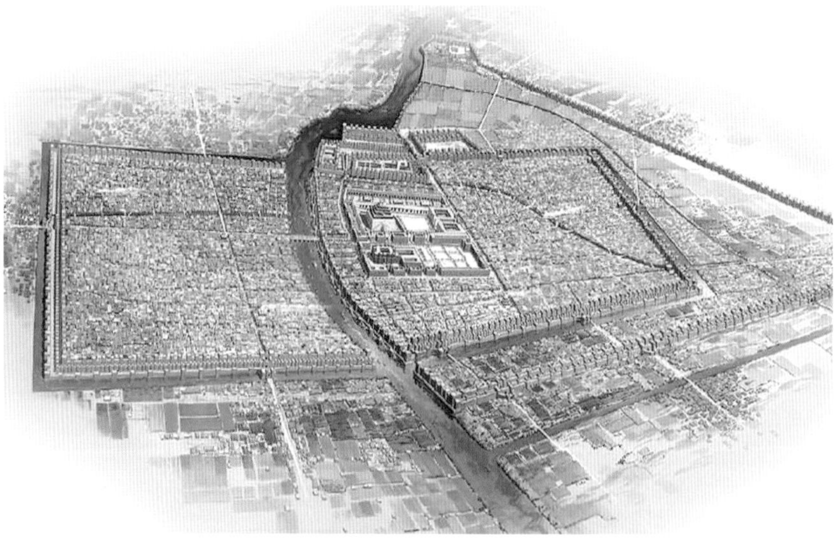

新巴比伦城复原图（图片：The History Files）

城市的正门是北面的伊什塔门（Ishtar，爱神和战神）。德国考古学家 R. 科尔德威（R. Koldewey）率领考古队在 1902 年发掘出了这座城门和周围的城墙。这是一座十分高大雄伟的双重拱形大门。大门及两边夹持的塔楼表面均饰以华丽饰边的蓝色琉璃砖，其中还镶嵌有许多动物图案。尼布甲尼撒在门上这样写道：“我在门上放上了野牛和凶残的龙作为装饰使之豪华壮丽，人们注视它们时心中都会充满惊异之情。”[2] 这些动物浮雕形象是预先分成片断做在小块的琉璃砖上，在贴面时再拼合起来，因此往往是少数题材反复出现构成图案化，符合批量制作的生产特点。科尔德威将挖掘出的墙砖运到柏林，将其中高达 14 米的前拱门拼复后，在柏林的帕加马博物馆中展出。

号称古代世界七大奇迹之一的空中花园（Hanging Gardens）可能就位于伊什塔门西侧。它是由尼布甲尼撒为其来自伊朗山区米底国的王后阿米娣斯（Amytis）

伊什塔门复原图（作者：B. Long）

伊什塔门浮雕局部

柏林帕加马博物馆展出的伊什塔门的前大门

空中花园复原图（作者：C. Sheloon）

修筑的。据推测这是一座边长超过120米、高23米的大型台地园，用一系列筒形石拱支撑，上铺厚土，栽植大树，并用机械水车从幼发拉底河引水浇灌。

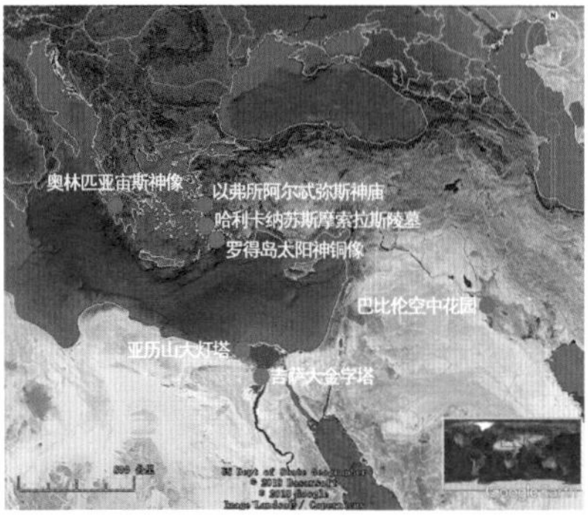


古代世界七大奇迹分布图

所谓古代世界奇迹最早是由古希腊旅行家进行开列的。不同的人见识不同，所以有过不同的版本。现在为我们所熟知的“古代世界七大奇迹”据说是由拜占庭人斐罗（Philo of Byzantium）在大约公元前 2 世纪开列的。除了巴比伦的空中花园以外，另外六个分别是：埃及的吉萨金字塔群，约建于公元前 26 世纪；约 140 米高的埃及亚历山大灯塔，约建于公元前 280 年；土耳其哈利卡纳苏斯的波斯总督摩索拉斯陵墓，建于公元前 353 年；土耳其以弗所的阿耳忒弥斯神庙，建于公元前 323 年；希腊奥林匹亚的、用黄金和象牙制作的 12 米高宙斯神像，作于公元前 433 年；希腊罗得岛上 37 米高的太阳神铜像，建于公元前 292 年。这之中，除了埃及金字塔外，其他都在后代毁于天灾人祸。

16 世纪荷兰画家 M. van Heemskerck 凭个人想象画出的古代七大奇迹

位于巴比伦城市中心的大塔庙，据信就是《圣经》中所说的通天塔（Tower of Babel）。在《旧约全书·创世记》第十一章中这样写道：“那时，天下人的口音言语都是一样。他们往东边迁移的时候，在示拿地（Land of Shinar，即美索不达米亚地区）遇见一片平原，就住在那里。他们彼此商量说，来吧，我们要……建造一座城，和一座塔，塔顶通天，为要传扬我们的名，免得我们分散在全地上。耶和华降临要看看世人所建造的城和塔。耶和华说，看呐，他们成为一样的人民，都是一样的言语，如今既做起这事来，以后他们所要做的事，就没有不成就的了。我们下去，在那里变乱他们的口音，使他们的言语彼此不通。于是耶和华使他们从那里分散在全地上，他们就停工不造那城了。因为耶和华在那里变乱天下人的言语，使众人分散在全地上，所以那城名叫巴别[1]。”不论这段记载依据何在，这座塔庙至迟在汉穆拉比最

巴比伦大塔庙复原图（作者：J. R. Casals）

通天塔（作者：P. Brueghel the Elder）

巴比伦大塔庙遗址



[1] 在希伯来语中，“巴别”（Babel，即巴比伦）与“变乱”（Balal）拼法相近，故作此解。

早建造巴比伦城时就已经建造起来，并在尼布甲尼撒时代得以完善。它的边长约 91 米，高度据信超过 100 米。

公元前 539 年，新巴比伦王国被东邻波斯帝国灭亡。宏伟的巴比伦城墙以及通天塔都在后来一次未遂叛乱后被波斯人彻底拆毁。美索不达米亚文明在持续了 3000 年之后终于走到了尽头。

巴比伦的陷落（作者：J. Martin）

# 第三章 以色列

“有些人的心是石头做的，但这堵墙是由长着人心的石头做的。”



## 3-1 三教圣地

一块在地图上看起来微不足道的地方，却成为世界三大宗教的圣地，对大半个世界的历史进程产生无可比拟的重大影响，这个地方就是以色列（Israel），以前叫作迦南（Canaan），后来叫作巴勒斯坦（Palestine）。

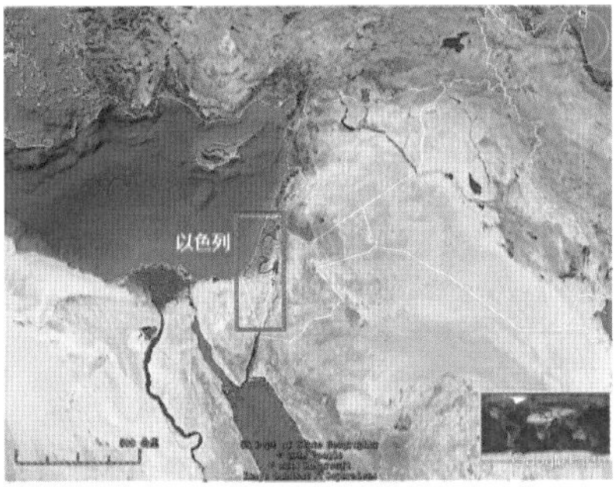


以色列

## 3-2 杰里科

新石器时代杰里科古城遗址

早在公元前 8000 年，人类历史上第一座设有防御性城墙的城镇杰里科（Jericho，圣经中称为耶利哥）就在这片土地上诞生了。今天仍然保存下来的古城主防卫塔遗址高约 10 米，周围还有长约 700 米、高约 4 米、厚约 3 米的石砌城墙。



## 3-3 以色列王国与耶路撒冷圣殿山

然而，真正为这片土地带来永恒魅力的却不是建造耶利哥的那些原始居民，而是很久很久以后才从美索不达米亚地区迁来的希伯来人（Hebrewes）。

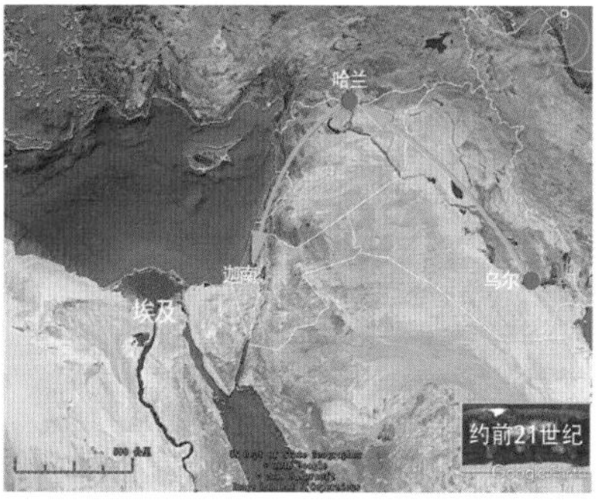


亚伯拉罕迁徙图（约前 21 世纪）

按照希伯来人自己的说法，他们的祖先名叫亚伯拉罕（Abraham），大约在公元前 21 世纪，差不多就是乌尔第三王朝时代，先是跟着父亲从乌尔搬迁到幼发拉底河上游的哈兰（Harran），而后在父亲去世后带领一家人最终迁移到迦南。亚伯拉罕有两个儿子，长子以实玛利（Ishmael）是亚伯拉罕妻子的女仆夏甲（Hagar）所生，他的后代后来繁衍成为阿拉伯人。[一] 亚伯拉罕的妻子撒拉（Sara）生下了次子以撒（Isaac）。以撒的次子名叫雅各（Jacob），上帝赐名为“以色列”（Israel），意为“与神较力取胜者”。后来他的子孙就自称为以色列人。

雅各与神较力（作者：G. Dore）

雅各的一个儿子由于受到父亲宠爱而被嫉妒的哥哥们卖到埃及做奴隶，因为聪明伶俐得到法老赏识，后来居然成了埃及宰相，于是以色列人就都迁去埃及住了。几百年后，以色列人失势，埃及法老强迫以色列人做苦役。公元前 13 世纪左右，以色列人在摩西（Moses，约前 14—前 13 世纪）的带领下逃离埃及，重返迦南。在埃及与迦南之间的西奈

手持戒律的摩西（作者：米开朗琪罗）

㊀ 诞生于阿拉伯人的伊斯兰教认同这个说法，他们称亚伯拉罕为易卜拉欣，称以实玛利为伊斯玛仪。

半岛，摩西说服以色列人信奉上帝为唯一的神，并代他们与上帝立了十诫约法。

扫罗与大卫（作者：伦勃朗）

所罗门时代的耶路撒冷（作者：B. Balogh）

以色列人重回迦南后，面临原本就生活在这里的迦南人以及新来者非利士人（Philistines）的威胁，大约于公元前 1050 年建立了统一的王国。其最初三位国王分别是扫罗（Saul，前 1050—前 1012 年在位）、大卫（David，前 1010—前 970 年在位）和所罗门（Solomon，前 970—前 931 年在位）。所罗门为以色列人在耶路撒冷（Jerusalem）建造了一座圣殿，以存放摩西与上帝的约法。这是以色列人的第一座圣殿，也是以色列最重要的一座建筑。

由于不堪所罗门的穷奢极欲，以色列北部的 10 个支族在他死后宣布独立，仍称为以色列王国。而所罗门之子所领导的南部两个支族则称为犹大王国（Judah），以其中一个支族犹大族为名，其国民以后被称为犹太人（Jews）。

公元前 722 年，北方的以色列国被亚述灭亡，其国民大都被驱散，从此湮没在西亚各民族相互融合的汪洋之中。而南方的犹大国也在公元前 586 年被尼布甲尼撒的新巴比伦王国灭亡。耶路撒冷的圣殿被摧毁，大批犹太人被掳往巴比伦。在流放期间，先知们向犹太人许诺，只要他们恪守摩西法典，上帝就会派一位弥赛亚（Messiah）来拯救他们。

耶路撒冷第二圣殿复原模型（复原设计：M. Avi-Yonah）



公元前 539 年，波斯人击败新巴比伦王国。犹太人获准再次回到迦南，并重建了圣殿。

## 3-4 马萨达

波斯统治结束之后，希腊人和罗马人又先后成为犹太人的统治者。

罗马军攻陷耶路撒冷（作者：D. Roberts）

公元 66 年，犹太人发动反抗罗马统治的起义，遭到罗马军队镇压。公元 70 年，罗马军队攻陷耶路撒冷。残余的犹太抵抗势力撤退到马萨达要塞（Masada）坚持抵抗。

马萨达遗址

这座要塞原为大希律王（Herod the Great，罗马帝国委任的犹太人国王，前37—前4年在位，耶稣就是出生在他统治的时候）的离宫，约建于公元前37年。要塞位于一座岩石山顶，南北长约550米，东西最大宽约270米，四面绝壁，其中东侧的悬崖高约400米，西侧高约90米。为了攻克这座看似坚不可摧的要塞，罗马军队用了三年的时间，在要塞西侧建造起巨大的攻城坡道，然后运载攻城器械发起最后进攻。公元73年4月15日，坚持到最后的960名犹太起义军战士在城池即将被罗马军队攻破前夜烧毁建筑并自杀身亡，身后留下斩钉截铁的话语：“我们宁愿为自由而死，不做奴隶而生！”

马萨达遗址鸟瞰，图中白色土堆为罗马军修筑的攻城坡道遗迹

如今，每一位以色列国防军新兵在入伍的时候都要来到这里宣誓：“决不让马萨达再次陷落！”

飞越马萨达上空的以色列战机

# 3—5 耶路撒冷哭墙

公元 134 年，犹太人再次发动起义。起义失败之后，犹太人被驱离耶路撒冷，耶路撒冷的圣殿被再次摧毁。罗马人随后更将犹太行省更名为巴勒斯坦（Palestine），意思是非利士人居住的地方，而非利士人正是早期以色列人的死敌。

圣殿被毁（作者：F. Hayez）

很久以后，犹太人才获得罗马当局允许，在每年的圣殿被毁日返回故里，在圣殿山前墙垣遗址追思哀泣。该段城墙由此得名“哭墙”（Wailing Wall）。

耶路撒冷圣殿山脚下的哭墙，金顶建筑为圣石清真寺

又过了一段时间，阿拉伯穆斯林军队占领了耶路撒冷，在圣殿山上相传是穆罕默德（Muhammad，570—632）登霄的地方修建起了圣石清真寺。从此，这座圣殿山又成为伊斯兰教的圣地。

在后来的历史上，犹太人与

穆斯林之间时常因为这堵哭墙的主权发生争议。在近代英国人管理巴勒斯坦期间，曾经有一位英国总督建议犹太人在别处另造一堵墙来代替哭墙，他说："那毕竟只是一些石头而已。"犹太拉比惊讶地看着英国总督，回答说："有些人的心是石头做的，但这堵墙却是由长着人心的石头做的。"[3]

哭墙

# 第四章 安纳托利亚

“他们一旦尝到了我们的好东西，我们就休想再叫他们放手了。”



## 4-1 恰塔尔休于

今天土耳其所在的安纳托利亚半岛（Anatolia，或称为小亚细亚）㊀在历史上素有东西方交汇的十字路口之称。在这片土地上孕育的文明在人类文明史上占有重要的一席之地。

1958 年，考古学家在安纳托利亚中南部的恰塔尔休于（Catal Huyuk）发现了一座大约修建于公元前 6500 年的城镇遗迹。这座城镇几乎全部是由民居组成，其布局方式极为特别，大约 2000 座房屋前后左右紧密相连，相互之间没有留出街巷空间，所有房间的

㊀ 今一般与“小亚细亚”（Asia Minor）一词通用。“亚细亚”一词最初是用来形容爱琴海东岸地区，与之相对，“欧罗巴”指的是爱琴海西岸。以后随着希腊人地理认识的扩大，整个东方一直到遥远的印度都被称为“亚细亚”，于是“小亚细亚”一词就被用来专指安纳托利亚半岛地区。

恰塔尔休于复原图（作者：D. Lewandowski）

出入口都设在屋顶，屋顶平台成为整个城镇的公共活动场所。

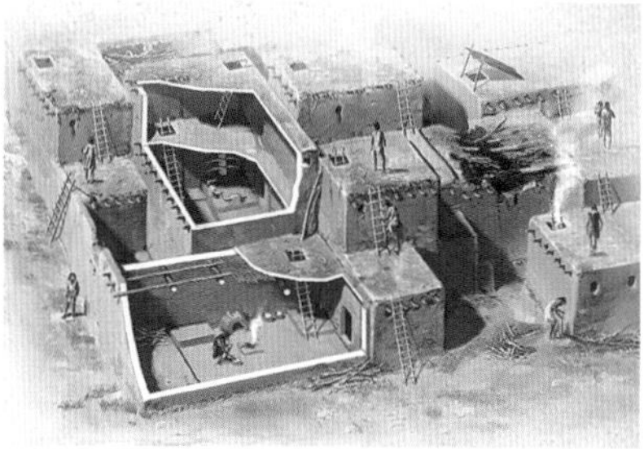
恰塔尔休于房屋建造示意图（作者：F. Baptista）

在这座遗址中除了住宅之外没有发现明显的公共建筑，但有一些较大的房屋墙面上作有壁画，画的是狩猎之类的题材。有些人认为这些壁画可能与宗教性质有关，这些房间可能是最早的庙宇。

恰塔尔休于壁画局部

从目前的研究来看，这座遗址大概只能算是一座农业人口聚集的村镇，而不能算是城市。英语中的“文明”（Civilization）一词与“城市”（City）、“市民”（Citizen）同源，永久定居的城市生活是确定文明出现的标志。这座恰塔尔休于以及之前介绍的那座杰里科城虽然出现的时间很早，但应该都只是农业人口聚居的地方，没有证据表明在这里已经出现了阶级分化，出现了城市才会拥有的各种类型的非农业劳动者，所以今天的历史学家没有把它们当作是文明的开端。目前公认的人类文明的起点是在今天的伊拉克，是苏美尔。

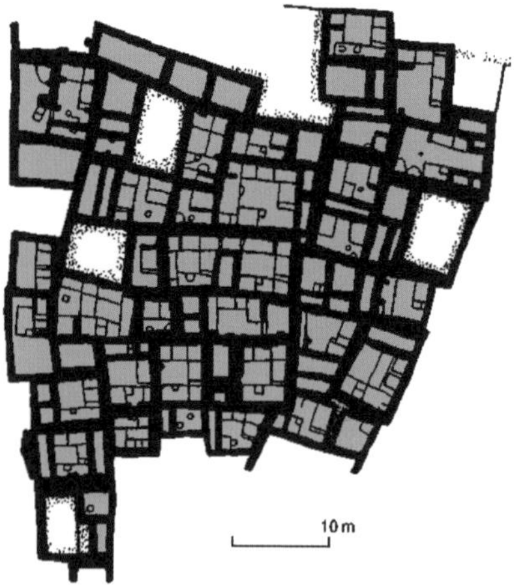

恰塔尔休于局部平面图

## 4-2 赫梯帝国与哈图沙

大约在公元前19世纪，来自亚洲中部的印欧族赫梯人（Hittites）来到安纳托利亚定居。尚武的赫梯人率先将苏美尔人发明的实心木轮改进成轻便的辐条式车轮，由此建立起来的快速战车部队使赫梯人在军事上领先周围国家。公元前1595年，赫梯人侵入两河流域，一度占领巴比伦。之后，赫梯势力一度衰微。公元前13世纪，赫梯帝国重新崛起，与当时正处全盛时期的埃及帝国以及中期亚述帝国在西亚地区三足鼎立。

赫梯帝国的首都哈图沙（Hattusas）建造在峡谷间的石崖上，经数百年建设，成为一座雄伟壮观的大城。

公元前12世纪，赫梯遭遇迄今仍不为人所知的神秘“海上民族”（The Sea Peoples）入侵，一蹶不振，就此衰微。

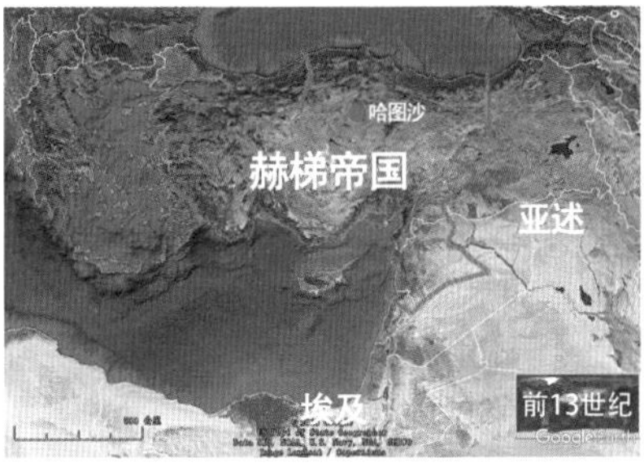

赫梯帝国（前13世纪）

哈图沙复原图（作者：B. Balogh）

哈图沙遗址（与上图同一角度）

哈图沙大门前的狮子像，比亚述人的类似做法更早，也更古朴

## 4-3 吕底亚

吕底亚人是世界上最早铸造和发行金币的国家



几百年以后，吕底亚人(Lydians)开始成为安纳托利亚西部地区的主人。

英语中有一句俚语“as rich as Croesus”，意思就是“极其富有”。这句话中的主人公就是财富值和幸福感都无可比敌的吕底亚国王克洛伊索斯（Croesus，约前560—前546年在位）。但是他显然还不满足。听说东方新崛起了一个名叫波斯的国家后，他就要准备发动入侵。他的臣民向他进谏说：“您为什么要去攻打这样一个穷得一无所有的国家呢？如果您胜了，您能从他们手里得到什么？如果您不幸失败了，他们一旦尝到了我们的好东西，他们就会紧紧地抓住，我们就休想再叫他们放手了。”[4]克洛伊索斯不听劝阻，执意发动战争。其结果，吕底亚灭亡，波斯人从此登上西亚历史舞台的中心。

描绘克洛伊索斯被波斯俘虏的古希腊花瓶（作于前5世纪早期）。临到将被火烧死时，他才终于领悟希腊贤人梭伦曾经给他的教诲：『只有已死之人才有资格宣称自己是世界上最快乐的人。』

# 第五章 波斯

「波斯人的矛投到了很远的地方。」



## 5-1 埃兰与米底

早在波斯人露面之前，在伊朗高原上，埃兰人和米底人就曾经迸发出灿烂的文明之光。

位于伊朗西南部的埃兰文明早在公元前2700年左右就已经出现。与苏美尔为邻的地理特征，使得两个民族在互相争战的同时，也互利互补、共同发展。公元前2006年，埃兰人的入侵结束了苏美尔人的历史。在这之后，

古埃兰恰高·占比尔（Chogha Zanbil）塔庙，约建于前1250年

埃兰人又伴随着巴比伦诸王朝延续了1000多年，与巴比伦人携手对抗亚述帝国，直到公元前639年被亚述灭亡。

波斯波利斯宫浮雕中的米底士兵形象

埃兰人大约是属于闪米特语族，而米底人则是第一批定居伊朗高原的印欧语族。大约在公元前1000年左右，他们迁入埃兰北方定居。在反抗亚述人的过程中，米底人逐渐发展壮大。公元前612年，米底王与巴比伦王联姻，两国联军攻陷亚述首都尼尼微。曾经不可一世的亚述帝国被新巴比伦王国和米底王国瓜分。米底王国的疆域从伊朗高原的东部一直延伸到吕底亚边界，成为西亚地区一时无双的超级大国。



## 5-2 波斯帝国

居鲁士

公元前550年，米底王的外孙居鲁士（Cyrus the Great，前550—前529年在位）带领自己的部落发动叛乱，推翻米底王的统治，在原米底国疆域内建立了新的阿契美尼德王朝（Achaemenid Empire，前550—前330），希腊人称之为波斯（Persia）。从公元前546年到公元前525年，波斯帝国先后吞并了吕底亚王国、新巴比伦王国和埃

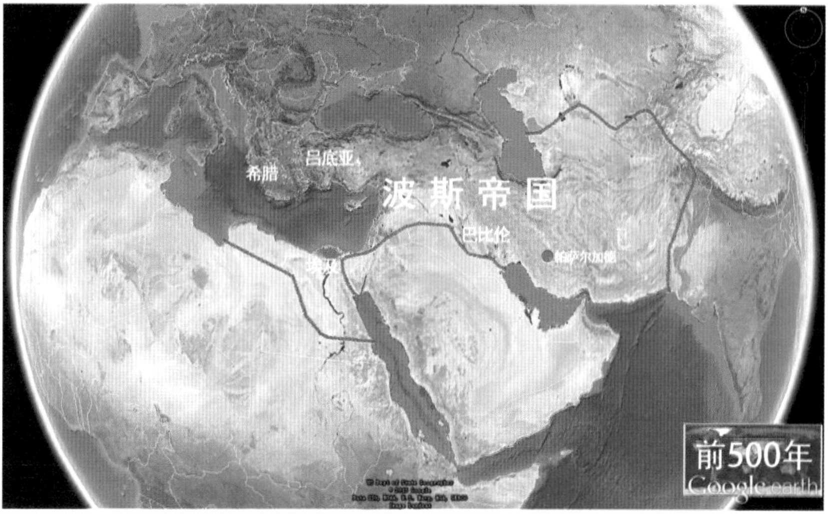


及，成为有史以来幅员最辽阔、种族最多样的庞大帝国，统治疆域横跨亚、非、欧三大洲。

居鲁士不仅是一个伟大的征服者，还是一位非常开明的伟大人物。在他的统治下，各种各样的民俗、宗教和文化都得到应有的尊重，开创了西亚地区前所未有的和平、融洽的生存环境。美国历史学家威尔·杜兰（W. Durant）在谈及居鲁士时感慨道："我们所认识的居鲁士，是有史以来最长于征服，及最宽仁厚德的国君。……过去的征服者，每到一个地方，第一是刮地皮，第二是毁神庙。但居鲁士绝不如此，每攻下一个城池，他所做的，第一是解除民间疾苦，第二是礼拜城中神庙。巴比伦对居鲁士抵抗最久，但城破后，他仍体恤其人民，敬重其神庙。因此，巴比伦人对他，简直感激到无以复加。……居鲁士征服了许多国家，而每到一个地方，那个地方的人都对他表示热烈拥护，因为，他给他们以宗教自由，……而且还对当地人的神躬亲下拜。"[5]

## 5-3 帕萨尔加德的居鲁士陵墓

帕萨尔加德的居鲁士陵墓

公元前 529 年，居鲁士战死疆场，他的陵墓建造在他亲自选定的首都帕萨尔加德（Pasargadae）。这座陵墓朴实无华，底座部分与美索不达米亚地区的塔庙基座相仿，而墓室部分则与吕底亚人陵墓几无二致，充分体现了在他的治理下波斯帝国各民族文化相互融合的特点。



## 5-4 贝希斯敦石碑

大流士

居鲁士的儿子冈比西斯（Cambyses，前 529—前 522 年在位）在征服埃及的时候去世，帝国一度陷入混乱。居鲁士的远亲大流士（Darius I，前 521—前 486 年在位）最终夺得王位。在他的统治下，波斯帝国达到极盛，他也被誉为帝国的第二缔造者。

尽管如此，对于大流士夺取王位的过程，帝国内部还是存在很多非议。为了安定政局，大流士命人在贝希斯敦（Behistun）的一座大山前，将他获得政权的详细经过用古波斯语、埃兰语和阿卡德语三种文字刻画在离地面100多米高的峭壁之上。1850年，英国人罗林森（Sir H. C. Rawlinson）正是通过研究这些文字，成功地破译了苏美尔楔形文字（阿卡德语源于楔形文字），为我们深入了解两河流域人类最早的文明打开了方便之门。

贝希斯敦石碑



## 5-5 纳克什·鲁斯塔姆的大流士墓

大流士之后的几位帝王都将陵墓建造在首都附近一处名叫纳克什·鲁斯塔姆（Naqsh-e Rustam）的崖壁上。它们的外形都呈十字形，中央是有着雄牛柱头的柱廊，上方是浮雕。大流士墓上的浮雕刻着30个臣服民族的形象，他们将大流士的雕像高

左起第三座为大流士墓

大流士墓

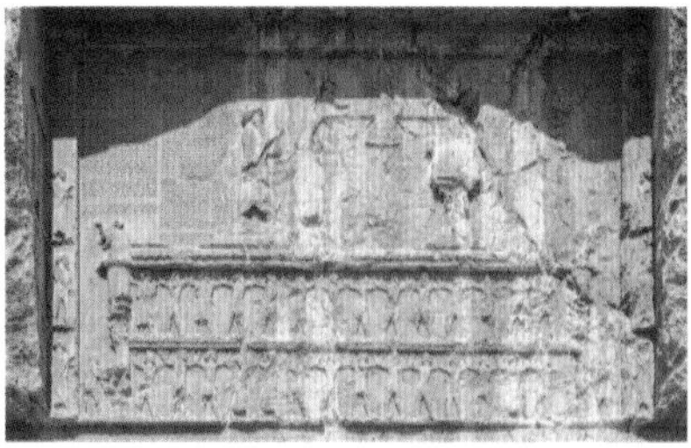

大流士墓局部

高托起。雕像旁的铭文上写着："如果现在你在想，'大流士国王掌握了多少个国家？'看看托着君王的雕像吧！那么你就会知道，那么你就会明白：波斯人的矛投到了很远的地方。"[6]



## 5-6 波斯波利斯宫

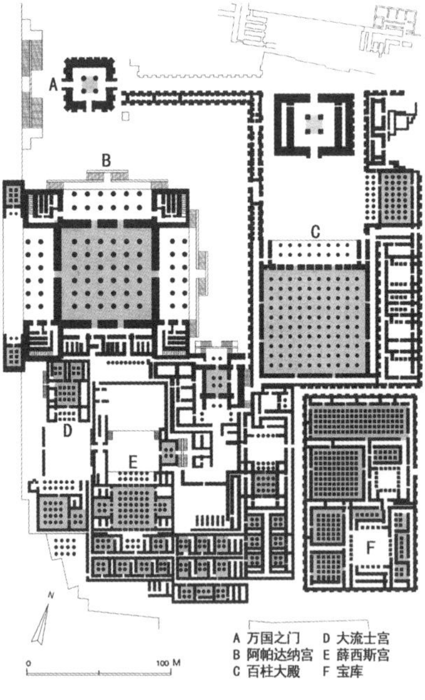


波斯波利斯宫平面图

公元前509年，大流士开始在帕萨尔加德西南不远的波斯波利斯（Persepolis，意即"波斯城"）兴建新的王宫，这个工程一直持续到他的孙子阿尔塔薛西斯一世（Artaxerxes I，前465—前425年在位）在位时期才基本完工。

这座宏伟的王宫建造在依山筑起的长450米、宽300米、高13.5米的巨大平台之上，建筑风格具有多民族融合的特点。王宫的入口位于平台的西北角，两条对称的双折阶梯将来客引上平台。阶梯上面是以大流士的儿子薛西斯一世（Xerxes I，前486—前465年在位）命名的大门，它有一个响亮的绰号：万国之门。大门口伫立着两尊巨大的带翼公牛雕像，这显然是继承了亚述人和巴比伦人的传统。

波斯波利斯宫大门遗迹

入口的南面是一座被称为阿帕达纳宫（Apadana）的仪典大殿，大流士就是在此接见天下八方前来朝贡的使节。大殿的基座高3.7米，在北、东两面各有宏大的阶梯引向入口柱廊。台阶侧面用石材砌筑，上面雕刻有帝国的各个属国、各个民族数以百计的朝拜者的浮雕形象。入口柱廊由两排共12根超过20米高的柱子支撑。大殿内部62.5米见方，由36根柱子支撑，每根柱子高23.15米，柱径1.9米。这些柱子的比例

阿帕达纳宫大阶梯遗迹（一）

阿帕达纳宫大阶梯遗迹（二）

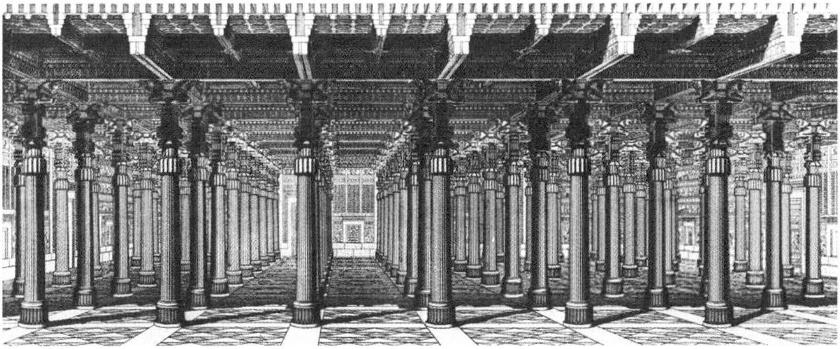

阿帕达纳宫剖视图（作者：C. Chipiez）

阿帕达纳宫柱头复原图（作者：C. Chipiez）

都十分修长，吸收了小亚细亚希腊殖民地以及埃及的许多特点，又有独特的创造。柱头的高度几乎占整个柱子高度的2/5，由覆钟、仰钵、几对竖着的涡卷和一对背靠背跪着的雄牛组成。柱子间的距离很大，中心距达到8.9米。如此轻盈的结构和宽敞的空间在古代世界柱式大殿中是居第一位的。

近景为薛西斯大殿，远景为阿帕达纳宫

阿帕达纳宫的东面还有一座大殿，是薛西斯一世时代修建的，与阿帕达纳宫可能具有相同的功能。它的平面68.6米见方，内有11.3米高的石柱100根，所以又被称为“百柱大殿”（The Hall of the Hundred Columns）。

波斯波利斯宫复原图（作者：J. C. Golvin）

百柱大殿的南面是王宫的财库，也由一系列的柱式大殿组成。阿帕达纳宫的南面则是帝后的寝宫。

公元前490年和公元前480年，波斯帝国两次入侵希腊，一度占领雅典。公元前334年，希腊世界发起反击。亚历山大率领的马其顿—希腊联军回击波斯，于公元前 331 年攻占了波斯波利斯，波斯帝国就此灭亡。为报复 150 年前波斯军队对雅典的占领和破坏，亚历山大下令放火烧毁波斯波利斯宫。从此，这座宏伟的宫殿就一直静静地伫立着，直到被风沙瓦解和掩没。

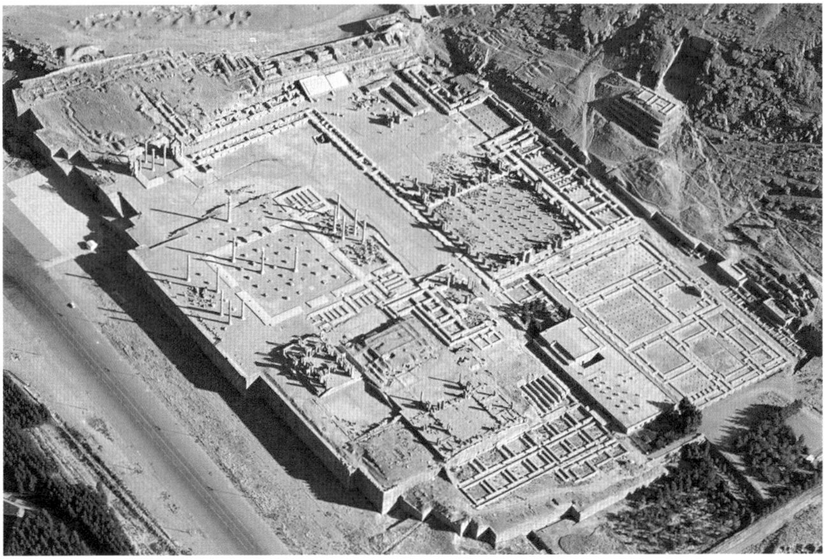

波斯波利斯宫遗址

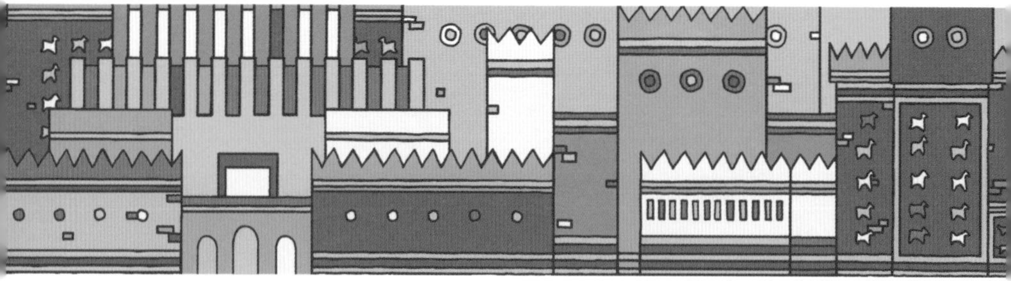

第二部

# 古代埃及

# 第六章 早王朝时期

“我是纯洁的莲花，拉神的气息养育了我辉煌地发芽。”



## 6-1 埃及文明的诞生

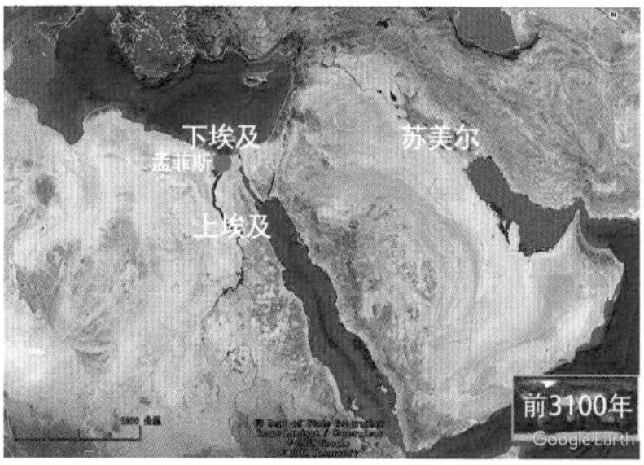


上埃及和下埃及（前3100年）

差不多就在苏美尔文明出现的同时，或许稍晚一些，相距不远的尼罗河流域也开始迈入文明的纪元。大约在公元前3500—公元前3100年，在肥沃而狭窄的尼罗河流域及其下游三角洲丛林沼泽地带，居住在这里的人们逐渐建立了数十个小型的城邦国家——“诺姆”（Nome）。每一个诺姆的中心都有一个建有城墙的小型城市。

公元前3100年左右，位于南方狭窄河谷地带的上埃及（Upper Egypt）法老[㊀]纳尔迈（Narmer，或称美尼斯Menes）顺流而下征服了位于北方宽阔三角洲地区的下埃及（Lower Egypt），初步建立了统一的埃及王国，首都定于上、下埃及交汇处的孟菲斯（Memphis）。

这个统一的时间不仅比两河流域的统一早了大约700年，而且统一状态所持续的时间特别长，到公元前1000年以前只有两次中断。这既要归功于埃及易守难攻的天然地理优势，其东西两面都是沙漠，北方是大海，南方则是茂密的丛林，同时也要归功于在其紧邻的周边地区相当长一段时间之内都没有足够强大的竞争势力。正是这样的一些特点，使得埃及文明的发展具有独特的风格，并且极为安宁持久。

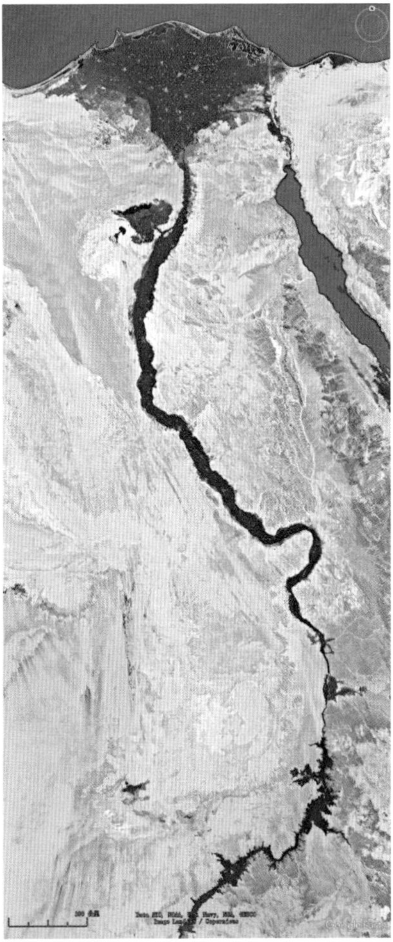

从太空俯瞰，深色的尼罗河流域就像是一朵有着长长茎秆的盛开的莲花，三角洲下方左侧的法尤姆绿洲则像是并蒂的小花蕾。这里几乎就是现代埃及的全部可耕地所在，其面积只占国土总面积的2.9%，其余部分都是沙漠

㊀ 法老（Pharaoh）的本意是王宫，直到新王国时期第18王朝时代才被用于对埃及国王的尊称。但后世习惯将古埃及国王通称为“法老”。

## 6-2 孟菲斯

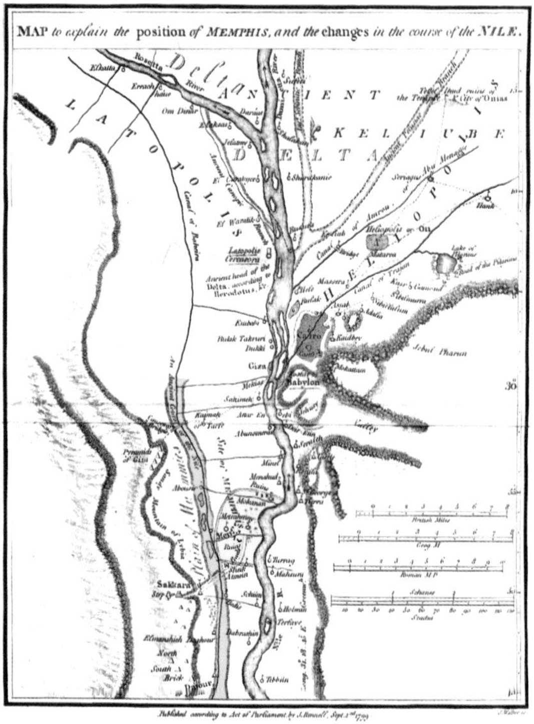


由 J. Rennell 测绘于 1799 年的孟菲斯和开罗地区考古地图。图中红色区域为当时的开罗城，黄色区域为古代孟菲斯城，绿色区域为另一座古埃及历史名城赫里奥波里斯（Heliopolis）。开罗与孟菲斯之间为尼罗河，蓝色部分为纳尔迈定都之前的尼罗河河道

孟菲斯位于现代埃及首都开罗⊖南方大约 20 公里的地方。这座埃及北方最重要的诺姆城原本是位于尼罗河的东岸。纳尔迈定都这里之后，为了加强对于来自西亚方向主要敌人的防御，就在尼罗河上游拦腰修建了一道堤坝，从而将尼罗河水改道到城市东面，使之成为城市的天然屏障。[7]

在城市的中心，纳尔迈还为城市建造了最早的卜塔神庙（Great Temple of Ptah）。卜塔是孟菲斯地区最受信仰的造

⊖ 现代开罗城是阿拉伯人在公元 9 世纪建造的，公元 10 世纪的时候被命名为“al-Qahira”，意为“胜利之都”。后来威尼斯人将这个词误译为“Cairo”，“开罗”之名由此而来。

物神。在两千多年后埃及历史学家曼涅托（Manetho，约生活于前 4 世纪末—前 3 世纪初）的笔下，孟菲斯被称为“Hut-ka-Ptah”，意思是“卜塔灵魂之所在”。这个单词几经演绎，最终演变为“Egypt”，埃及。

孟菲斯作为埃及的首都持续了大约一千年的时间，后来也一直是下埃及地区最重要的城市，直到希腊罗马时代才最终衰落下去。

## 6-3 希拉康坡里斯

位于尼罗河上游的希拉康坡里斯（Hierakonpolis）是上埃及早期最重要的诺姆城邦之一，据估计，在公元前 32 世纪的时候住在这里的人大约有 5000~10000 人。纳尔迈就是从这里出发去统一埃及的。这座城池的遗址今天还可以看得到，主城池面积不大，近似长方形，边长约为 300 米 ×220 米，周围环以 3~9 米厚的城墙。城池的东南角有一座神庙。城市的外围高地上还分布着其他建筑，其中有一座被称为“堡垒”的、用途不明的大型建筑，其建造时间可能稍晚一些，用泥砖砌筑的高大围墙至今还保留着。

在这座遗址出土的最有名的文物当属如今保存在开罗的埃及博物馆中的所谓“纳尔迈调色板”（Narmer Palette），这是上下埃及

希拉康坡里斯的所谓『堡垒』遗迹

纳尔迈调色板，在中部最上方的王宫大门标记之上刻着鲶鱼和凿子，这是两个象形文字，相当于英文中的N和M，合在一起读为『纳尔迈』，法老的名字



统一的见证物。在石碑的一面中，法老纳尔迈头戴象征上埃及的白色高冠，正在高举权杖击杀敌人。法老是光着脚的，在他后方，有一个官员手里拿着法老的鞋子。这应该是表明法老正站在一处神圣的场地内，他所进行的只是一个象征性的动作。在法老前方，象征上埃及的兀鹰踩在象征下埃及的纸草上，脚爪还抓着套在下埃及人头上的一根线，这是上埃及征服下埃及的象征。位于最下方是两个倒下的敌人，边上的两个符号象征着两座城市，其中右边开衩的这个符号有人认为可能是代表在迦南附近的某座城市。[8] 如果是这样，这意味着埃及的势力当时就侵入到了地中海东岸地区。在石碑的另一面，同一位法老则头戴象征下埃及的红色王冠，他正在参加一个庄严的仪式，同样也是光着脚的。下方两只奇怪的野兽脖子缠绕所形成的圆形区域大概就是用来调色的位置。㊀ 在这一面的下方，一头象征着法老的公牛正在践踏敌人的城市。

㊀　这种调色板大概是专门用来研磨装饰神像的颜料。

在这块石板上我们可以发现一个有趣的现象，法老的身躯呈现出极不自然的扭曲状：眼睛是正面看上去的形态，脸型则是侧面的，肩膀和上身转为正面，而腿部以下又转为侧面。这几乎是后来所有古埃及绘画或浮雕作品中出现的法老的标准样板。这并不是埃及艺术家不懂得如何“真实地”表现人物。实际上，埃及绘画的基本法则是从最具有特性的角度来表现事物，重视的不是“客观的真实”，而是“观念的真实”——就是今天所谓的“政治正确”。尤其是在表现法老这样的重要人物上，艺术家着重于表现对象的完美性和严肃性。这种形态虽然看似扭曲，但实际上它的每一部分都是从最完美的角度来观察的：眼睛显然是从正面看最能体现特征，高鼻梁需要从侧面来观察，宽阔的心胸适合正面表达，而腿部的细节只有在侧面才能完美展现。所以虽然从总体上看起来，人物的姿势显得有些僵硬，但是对于像法老这样的神圣人物——普通人连仰望都不被允许——来说，重要的是法老在画面中要像神一样完美无缺的存在，而不是他作为普通人的什么合理姿势。考虑到这点，我们就可以比较好地去理解埃及艺术家特殊的表现语言。

在希拉康坡里斯的一座墓室里发现的壁画，上面画着几艘运输葬礼物资的船只，边上则画有打猎等各种场景，具体意义不太明确

## 6-4 玛斯塔巴

与苏美尔人所建立的以贵族为主体的城邦制度不同，古埃及的政治制度是以法老为绝对的核心。

头戴红白双冠的埃及法老（作者：J. Dahl）



埃及人都相信，法老是神的化身，是活着的神，他的灵魂是永恒存在的。法老活着的时候只是灵魂在躯体所做的短暂停留。他死了之后，灵魂将在伴随尸体度过一个极为漫长的岁月后升入极乐世界开始新生。由于存在这样的信仰，埃及人认为，只要他们能倾尽全力为法老修建一个特别的陵墓，让法老顺利升天成神而永享极乐天国，那么神就会保佑人间的繁荣。对于普通人来说，死亡之后如果能够继续追随服侍神圣的统治者，也能获得永生。因而，是陵墓，而不是其他任何一种类型的建筑（比如宫殿），成为古埃及，尤其是早期埃及最重要、最值得耗尽心血和最有代表性的建筑类型。

埃及统一之后的早王朝时期（Early Dynastic Period，第 1 王朝～第 2 王朝，前 3100—前 2686）[1]，法老的墓葬大都同时建

[1] 古埃及法老在位时间依据不同的史料来源和推算方式存在多种说法。本书统一采用刘文鹏所著《古代埃及史》中的数据。

造在两个地方，一处是在上埃及的阿拜多斯（Abydos），另一处是在首都孟菲斯附近的萨卡拉（Saqqara）。其中位于萨卡拉的陵墓一般都略大于位于阿拜多斯的。有学者据此认为，位于萨卡拉的陵墓可能是真正的法老墓地，而位于阿拜多斯的可能只是“衣冠冢”，作为王室起源地上埃及的象征。[9]

这些陵墓的墓穴深埋在地下。地表部分多用泥砖砌筑，一般呈长方形平台状，侧面略有倾斜，内有厅堂，用于放置死者在陵墓中将要“使用”的各种“生活”用品。几千年后阿拉伯人来到这里定居，因为这种陵墓的形状看起来与阿拉伯人所使用的板凳比较相像，于是就称呼它为“玛斯塔巴”（Mastaba），阿拉伯语的意思就是“板凳”。

阿拜多斯和萨卡拉

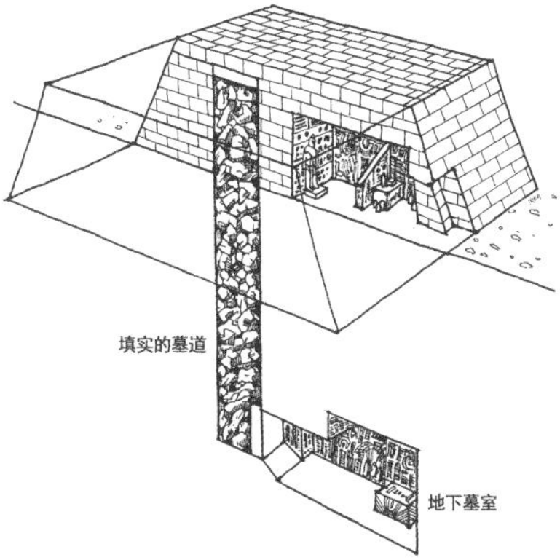

玛斯塔巴结构示意图

玛斯塔巴外观

# 第七章 古王国时期

『它们在那里待了那么久，就连天上的星斗都换了位置。』



## 7-1 萨卡拉的左塞尔金字塔

从公元前2686年到公元前2181年，埃及经历了历史上第一个持久的政治稳定期，史称古王国时期（Old Kingdom，第3王朝～第6王朝）。这一时期最具有代表性的建筑类型是金字塔形的陵墓。

左塞尔

公元前2668年，第3王朝的法老左塞尔（Djoser，约前2668—前2649年在位）委托伊姆霍特普（Imhotep）对其位于萨卡拉的陵墓进行改造。在此之前，法老的陵墓与臣属的坟墓样子差不多，都是玛斯塔巴式样，也都是用泥砖建造，只有大小之分，没有本质之别。

伊姆霍特普是历史上第一个留下姓名的建筑师。他还以智慧和医术驰名，后来的埃及人视他为神，称为智慧之子。为了加强对法老的崇拜，彰显法老至高无上的神圣权威，伊姆霍特普首先将陵墓的建筑材料从容易损毁的泥砖更换为坚固耐久的石头。与缺乏石头的两河流域不一样，尼罗河两岸分布着高耸的石崖，优质的石矿并不罕见。在技术手段达到一定程度之后，开采和加工石头逐渐成为埃及工匠熟练掌握的专业技能。另一方面，可能是出于用作“通天梯”的考虑，伊姆霍特普在原本较为低矮的玛斯塔巴的平顶上用层层退缩的方式叠加了多层的玛斯塔巴平台，以此来增加陵墓的高度。他后来又对原本为 62.5 米边长的陵墓平面进行扩大，使之最终形成底边东西长约 125 米、南北宽约 109 米、高约 62 米的六层阶梯形金字塔，气势蔚为壮观，不论高度还是体量，都超过此前人类建造

伊姆霍特普

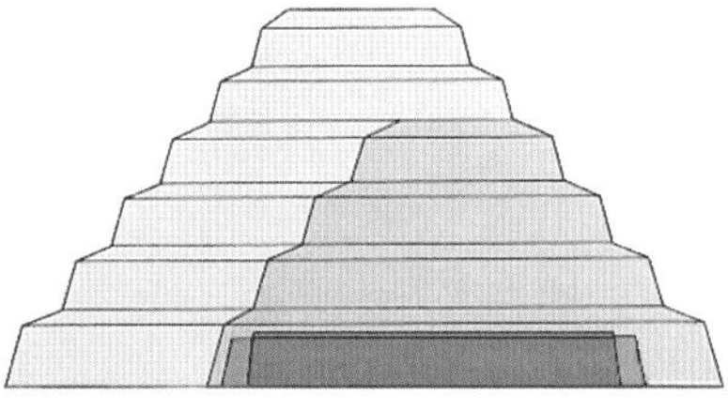

左塞尔金字塔扩建示意图，下方深色部分为最初的陵墓

左塞尔金字塔现状

的任何建筑物，足以彰显法老的神圣伟大。

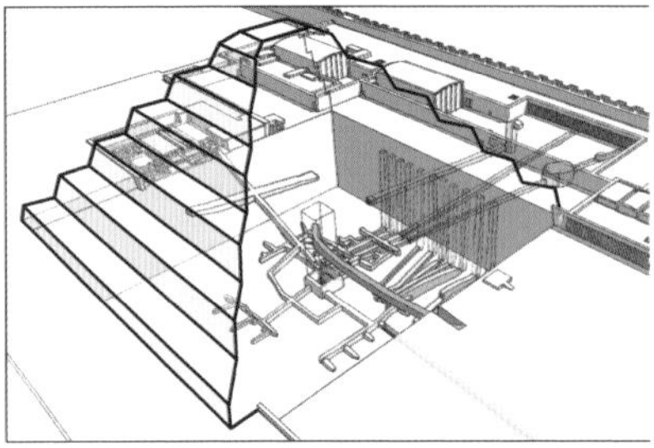

左塞尔金字塔地下墓道示意图（作者：F. Monnier）

法老的墓室深藏在金字塔下28米深的竖井中。用来沟通各种用途房间的墓道像迷宫一样，在地下重叠蔓延，总长度约有数公里。

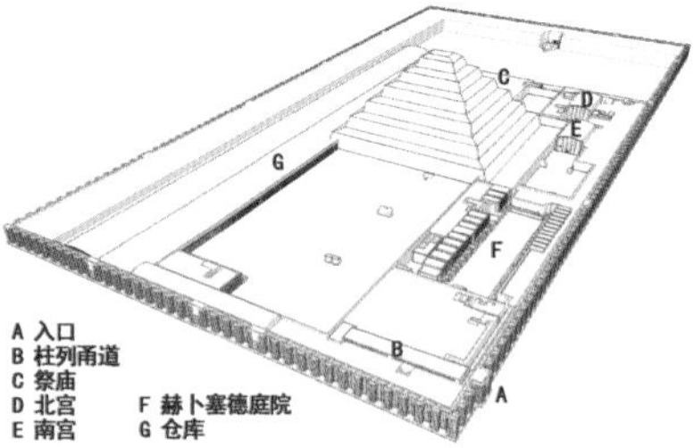


左塞尔陵墓建筑群复原图（作者：F. Monnier）

在金字塔的周围还建有祭祀用的神庙、模仿王宫的附属建筑物以及众多的陪葬墓群，整体占地544米×277米，由一道高约10米的石墙围合。石墙周围设有许多门，但只有位于东南角的才是真正可以用来出入的大门。大门里面是一个大约70米长、两侧密布柱列的狭窄甬道。走出甬道，明亮的天空和巨大的金字塔突然同时呈现在眼前，强烈的对比震撼人心，造成人从现世走到了冥界的假象。

左塞尔陵墓建筑群现状（从上图相反方向鸟瞰）

对于法老来说，陵墓就是他在阴间的宫殿，因此陵墓周围的附属建筑与法老在世时的宫殿十分相似，这也使我们得以从一个侧面了解那些已经不复存在的宫

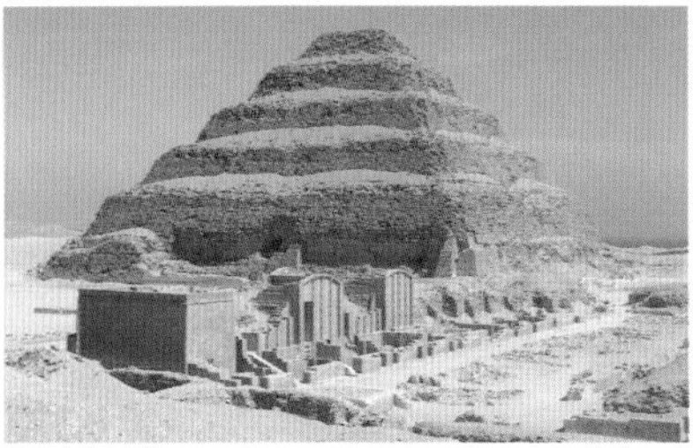

右前方为赫卜塞德庭院，用来举行塞德节（Heb Sed）庆典

殿建筑的布局和形象。

在主入口甬道两旁以及尽端的大厅中，有许多表面刻有竖向条纹的石柱较完好地保存下来。一般来说，除了少数情况会使用整块石头制作之外，石柱都是用多块石头层叠摞起的。在开采、运输、起吊和加工的过程中，石头的边缘部分难免会有所磕碰损坏。在这种情况下，在石柱表面做出整体的竖向条纹就可以起到转移观者注意力以掩盖拼接石缝缺陷的作用，同时也可以使柱子显得充满力量感。这种做法对后来的希腊柱式有很大影响。

从庭院内向外望去的左塞尔陵墓建筑群入口甬道

左塞尔陵墓建筑群入口甬道内部

左塞尔阶梯形金字塔的建造开创了人类建筑史上一个奇迹般的阶段。接下来古埃及人要用差不多一百年的时间去探索更加完美的金字塔形式。

7-2

## 美杜姆和达舒尔金字塔群

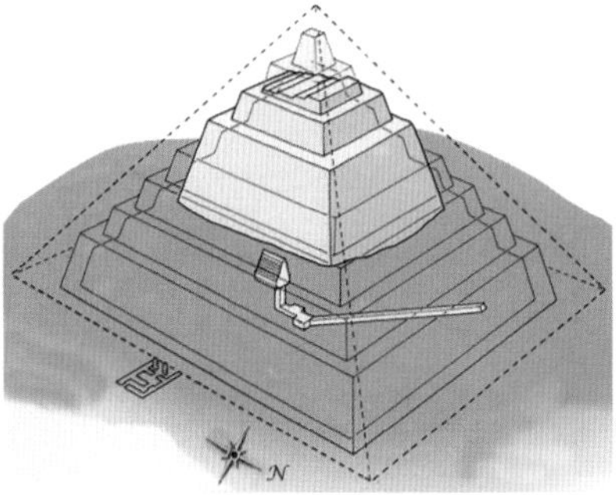


美杜姆金字塔结构示意图，虚线为斯尼弗鲁时代改造后的形态



属于第3王朝最后一位法老胡尼（Huni，约前2637—前2613年在位）的美杜姆金字塔（Meidum Pyramid）开始时仍然延续了阶梯形金字塔的特点。但在他的儿子斯尼弗鲁法老（Seneferu，约前2613—前2589年在位，第4王朝建立者）执政后，对这座已建有8层的阶梯形金字塔进行改造，用石块填充阶梯，使之成为一座底边长144.5米、高92米、倾斜角约51°的方锥形金字塔。这种造型不仅更加简洁，而且与阳光穿越云层时所呈现的放射状光芒极为相似，象征着神的召唤，因此成为日后金字塔的标准造型。不过这些由斯尼弗鲁下令填充的石块后来却被人几乎盗光，仅留下胡尼建造的阶梯形内核，残高约76米。

美杜姆金字塔现状

头戴双王冠的斯尼弗鲁法老

斯尼弗鲁法老自己的金字塔建造在美杜姆以北一个叫达舒尔（Dahshur）的地方。他先后建

造了两座金字塔，为金字塔的最终定型奠定了基础。

第一座建于公元前2613年，底边长约189米，从一开始就打算要建造成方锥形，所采用的侧面斜度为54°。但在工程进展到一半的时候，他们发现这个角度太陡了，如果继续建造下去的话，金字塔会变得非常高，施工难度太大，工程难以继续，所以临时决定将斜度减小为43°，最后建成高度约101米的奇特的“弯曲金字塔”（Bent Pyramid）。

弯曲金字塔

大概是对这一结果很不满意，20年后，公元前2593年，斯尼弗鲁法老又下令建造了自己的第二座金字塔，其斜度为43°，与弯曲金字塔的上部相同。这座金字塔顺利完成，建成后的高度104米，底边长约220米。因其使用红色石灰石建造，被称为“红色金字塔”（Red Pyramid）。

红色金字塔

随着这座红色金字塔的成功定型，埃及金字塔建筑的巅峰时刻紧跟着就到来了。

红色金字塔（右侧远处）和弯曲金字塔（左侧）

## 7-3 吉萨金字塔群

吉萨金字塔群，由后（上）向前（下）依次为：胡夫金字塔、哈夫拉金字塔和门卡乌拉金字塔

公元前2589—前2503年，斯尼弗鲁的儿子胡夫（Khufu，前2589—前2566年在位）、胡夫的儿子哈夫拉（Khafra，前2558—前2532年在位）以及哈夫拉的儿子门卡乌拉（Menkaura，前2532—前2503年在位）三位法老相继在孟菲斯西北的吉萨（Giza）建造了三座大金字塔：胡夫金字塔，原高146.6米，现为138.8米，底边长230米，倾斜角约51°；哈夫拉金字塔，原高143.5米，现为136.4米，底边长215米，倾斜角约53°；门卡乌拉金字塔，高66.5米，底边长108米，倾斜角约51°。

胡夫金字塔

胡夫金字塔是古埃及人建造过的最大的一座金字塔。由于两千多年后希腊历史学家希罗多德（Herodotus，约前484—前425）的描述，人们曾经普遍认为这座大金字塔是由数十万名奴隶花费30年的时间在“水深火热”[10]

的状态下被迫建造的，但是这种说法现在已经由于许多新的考古发现而被否定。现在人们认为，这座大金字塔只需要大约 20000 名自愿前来工作的劳工利用每年 6~9 月尼罗河泛滥而无法耕作的季节进行施工，用大约 20 年左右的时间就可以修建完成。这些劳工在修建金字塔时所居住的宿舍区已经被挖掘出来，有规划良好的布局，还有许多配套的面包房、啤酒馆、市场等，就像一座真正的城市一样。

建造金字塔（图片：BBC-Building the Great Pyramid）

劳工居住区遗址，背景右为胡夫金字塔，中为哈夫拉金字塔

这么一座亘古未有巨大体量的人工建筑物，据估计是用大约 230 万块平均重 2.5 吨的石块叠砌约 250 层而成。其施工精度之高简直令 4500 年之后的当代匠人自愧弗如。据现代测量，胡夫金字塔东、南、西、北各面底边长度分别为 230.56 米、230.63 米、230.53 米和 230.42 米，其中最长边与最短边的差距只有 21 厘米，不到千分之一，而南北两边的长度误差更是只有 3 厘米，几乎是万分之一。此外，金字塔两个相距超过 300 米的对角点基座

胡夫金字塔局部

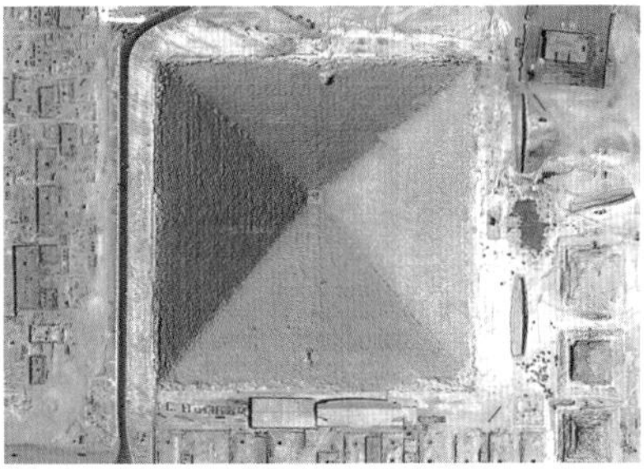

胡夫金字塔俯视

的高度误差仅 1.24 厘米，金字塔南北轴与真北的角度误差只有 0.06° 左右。即使在当代大型建筑中，要做到这样小的误差率，也是极为不易的。

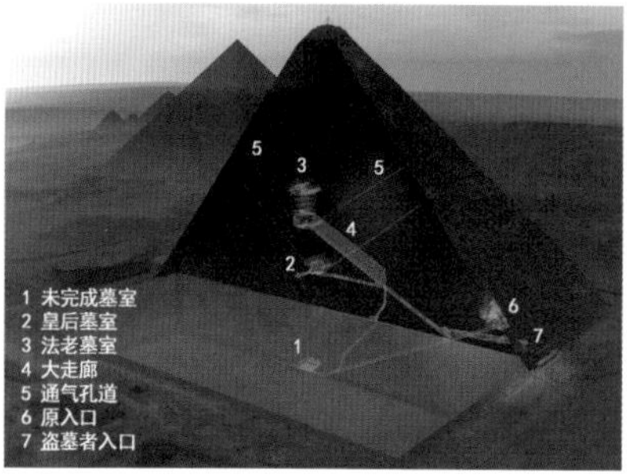


胡夫金字塔剖面图（图片：ScanPyramids）

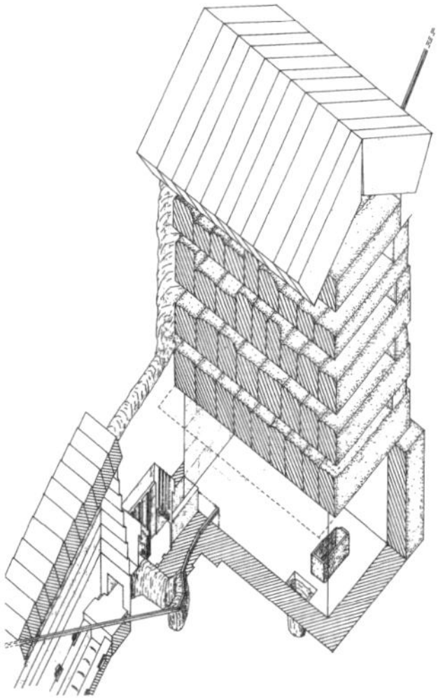

胡夫金字塔法老墓室结构示意图（作者：F. Monnier）

胡夫金字塔法老墓室，右墙可见『通气孔道』

胡夫金字塔的入口设在北面离地 17 米高处，通过长长的甬道与内部的上、中、下三座墓室相连。许多人认为，位于最下方的是最初计划的墓室，在建造过程中被放弃，而后修建了上方的两座墓室。其中位于最上方的法老墓室长 10.5 米、宽 5.2 米、高约 6 米。在法老墓室的南北侧墙面上，各开了一条通向塔外的极为细长的孔道，截面边长只有 20 厘米左右，曾被认为是“通气孔道”，但更可能是用来作为法老灵魂升天的通道。当代的精确测量和计算表明，这两条孔道中朝北的一条在 4500 年前金字塔建造的年代会准确指向当时的“北极星”——天龙座 α 星（今天是小熊座 α 星），而朝南的一条则准确指向猎户星座腰带上的三颗亮星。在下方的皇后墓室中也有两条这样的孔道，尽管它们尚未被

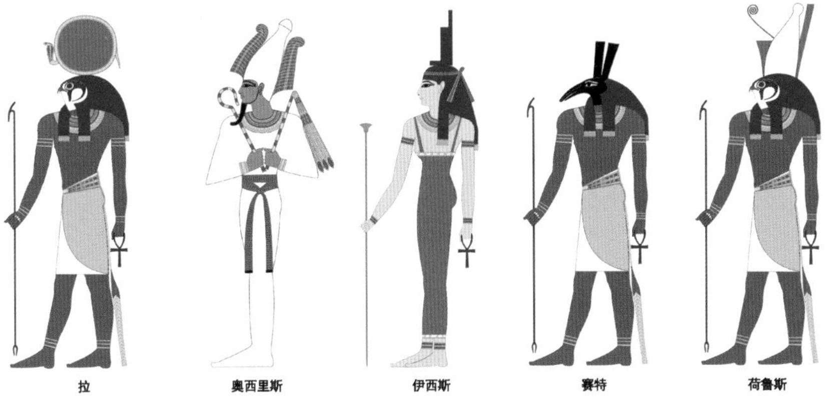


埃及诸神（作者：J. Dahl）

疏通，但计算表明，这两条孔道中朝南的一条在当时指向的是天狼星，而朝北的另一条则指向小熊座的斗口。所有这些星座都与埃及神话中有关法老诞生、复活和升天的传说密切相关。

在埃及神话传说中，猎户座是奥西里斯神（Osiris）的象征，天狼星是奥西里斯的妹妹兼妻子伊西斯神（Isis）的象征，而小熊座则象征着他们的儿子荷鲁斯神（Horus）用过的斧子。奥西里斯是埃及最高神拉神（Ra）的曾孙，是埃及最早的统治者，后来被他的弟弟赛特神（Set）谋杀并切成碎片扔在尼罗河畔。悲伤的伊西斯流下的眼泪化成尼罗河泛滥的洪水。她努力找回了这些碎片，将其拼复成完整的木乃伊，最终使奥西里斯复活，并与他生下了荷鲁斯。后来荷鲁斯与赛特大战，获得全埃及的统治权。从此以后，埃及的法老去世后就要被做成木乃伊，然后在安葬前，由新的法老——荷鲁斯的化身——用斧子撬开木乃伊的嘴，为其举行开口仪式，象征奥西里斯的复活。因此，奥西里斯就是逝去法老的象征，而荷鲁斯则是在世新法老的象征。如此代代相传。

美国的一位埃及学爱好者 R. 包维尔（R. Bauval）是最早将这几条“通气孔道”的指向与埃及神话联系在一起的人。他发现这三

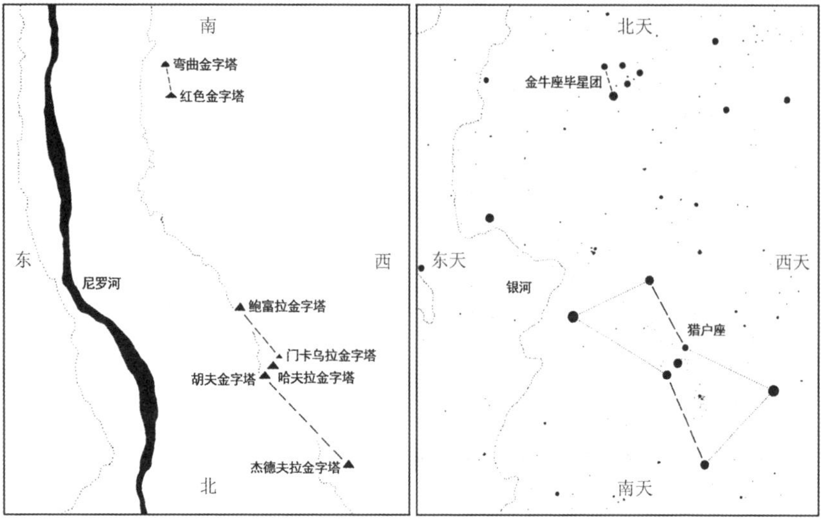


金字塔与猎户座
（图片引自：包维尔·吉尔伯特：《猎户座之谜》）

座大金字塔的排列方向以及大小变化都与猎户星座腰带上三颗亮星几无二致。不仅如此，在其附近两座破损严重的大金字塔（分别属于胡夫的儿子杰德夫拉 Djedefre 和可能是哈夫拉的儿子鲍富拉 Bauefra）也能在猎户座上找到对应位置，甚至达舒尔的两座金字塔也可以准确对应上金牛座毕星团的两颗亮星——埃及神话中赛特被放逐后所在的地方。而金字塔边上的尼罗河的位置则恰好与这些星星旁边的银河完美吻合。通过解读古埃及留下的金字塔铭文，包维尔认为，这些大金字塔的建造是一项精心安排的统一计划的产物，以将法老的陵墓与天上的星座精确对应，是埃及人虔诚信仰的写照。[11]

不过今天有许多正统的埃及学家对包维尔的这个观点不以为然，认为只不过是巧合而已。确实有仅仅只是巧合的可能性。但另一方面来说，当有这么多的巧合凑在一起的时候，也实在是很难再用“巧合”这个词来形容了。实际上，这三座大金字塔，尤其是胡夫金字塔，堪称是有史以来最神秘的建筑。除了那些从古至今从未中断的各种传说故事之外，在它身上，还有许许多多神奇而令人费解的数字。比如，如果把它的边长的两倍除以高度的话，会恰好约等于圆周率；它的高度约为地球与太阳最小距离（约 1.47 亿公里）的十亿分之一；它的质量相当于地球质量（约 59 亿吨）的一百万分之一，等等。在这里面，有些或许真是巧合，但也不能排除是刻意为之。总之，我们对古代世界的了解还十分有限，还需要多方面的共同努力，不仅仅只是小心翼翼地文物考证，也应该进行大胆而合理的假设。

前景为胡夫金字塔，其后可见哈夫拉金字塔和门卡乌拉金字塔

胡夫金字塔的东面还有三座较小的、呈一字排列的金字塔，据信是为他的母亲和皇后建造的。门卡乌拉金字塔的南面也有三座小金字塔。在它们的周围还散落着许多陪葬的玛斯塔巴。

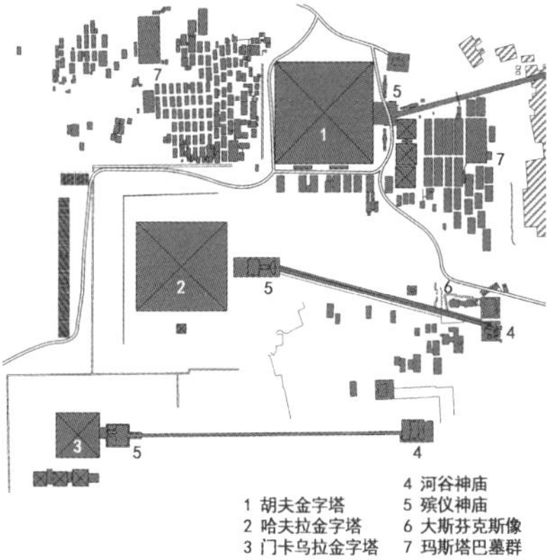


吉萨金字塔群平面图

三座金字塔旁边都有附属建筑，由靠近尼罗河边的河谷神庙（Valley Temple）、金字塔下的殡仪神庙（Temple of the Dead）以及连接两庙的一条数百米长的有顶甬道构成。殡葬队伍在尼罗河西岸下船进入墓区后，先在河谷神

上方为胡夫金字塔原入口，下方为盗墓者所挖洞口

庙内举行再生仪式，而后走过黑暗甬道到达金字塔下的殡仪神庙，再绕到金字塔北部进入墓室安葬。

1954 年，埃及考古学家马拉克（K. el-Mallakh）在胡夫金字塔南侧的考古发掘中意外发现了一条属于法老的太阳船。埃及人想象太阳神拉神是乘船每天巡游世界的，因此法老也要拥有自己的船，以紧紧追随太阳神的脚步。这条船全长 43 米，主要用雪松木制成，如今经修复后陈列在金字塔旁的博物馆中。

胡夫的太阳船



哈夫拉在建造金字塔的同时，还在他的河谷神庙旁建造了一尊长 73.5 米、高 19.8 米的大斯芬克斯像（Great Sphinx，俗称狮身人面像）。这尊雕像除前肢部分外，其余全是由一整块石头雕凿而成。它的脸部形象一般被认为是法老本人，面向太阳升起的地方。

大斯芬克斯像和哈夫拉金字塔

一位法国作家曾为这三座大金字塔所呈现出来的那种永恒的魅力深深打动，他感叹道：“……它们在那里待了如此长的时间，

吉萨大金字塔群

以至于连天上的星斗都换了位置。”[12]

## 7-4 古王国时期的雕塑和绘画

古王国时期埃及的雕刻和绘画艺术也达到了令同时代的其他人望尘莫及的极高水平。

在门卡乌拉金字塔的河谷神庙出土的门卡乌拉法老与皇后像很好地反映了埃及艺术家对人体形态和气质的高度把握能力。雕塑家生动地塑造了法老的健美体格，同时巧妙地透过紧身的薄衣表现了女性柔软起伏的体态。法老的左腿向前迈出一步，使场面增加了立体感，但人物仍然保持法老一贯的肃静状态。

门卡乌拉法老和皇后像。从这两尊雕塑的站姿可以看出，古埃及女性拥有较高的社会地位，真正被视为男人的『配偶』

收藏于卢浮宫的第5王朝书记官彩色石像也是埃及古王国雕刻艺术的杰作。雕塑家很好地把握了可能是由王子担任的书记官人到中年的体形和坚定的神态。

第五王朝书记官像

如此逼真和写实的手法，在这方面，古代社会只有2000年后的希腊人和4000年后的意大利人可以与之一争高下。

提（Ti）观看狩猎河马浮雕

在萨卡拉的一座第五王朝时期的贵族提（Ti）的墓室中，四壁都布满了着色的浅浮雕，其中一幅表现提正在观看狩猎河马的场景。身体已死而灵魂犹生的提在喧嚣的狩猎人群中漠然直立，不论是对比手法的应用还是人物细节的刻画都极为精彩。

提（Ti）墓浮雕局部

在这间墓室的另一幅浮雕中，一只被人背在背上的小牛与落在后面的母牛之间深情对望，舐犊深情真是令人感慨。

美杜姆群雁图局部

在壁画方面，古王国时代的埃及人同样有着非凡的艺术能力。左边这幅《美杜姆群雁图》是斯尼弗鲁法老儿子尼斐尔玛阿特（Nefermaat）陵墓壁画的一个片断。在4500年前，埃及艺术家就有如此卓越的造型表现能力，这真正是一个伟大的民族。

# 第八章 中王国时期

永恒不变的唯独无常。



## 8-1 分裂与统一

第6王朝（Dynasty VI，前2345—前2181）时期，多半是由于在修建金字塔这样的宏大工程中耗尽国库，长期稳定的中央统治局面开始动摇。到该王朝结束时，中央政府的权威已经完全丧失，地方长官据地为王，国家陷入分裂状态。繁荣了8个多世纪的古王国时期结束了，古埃及进入历史上第一个动乱时期，或称“第一中间期”（The First Intermediate Period，第7王朝～第10王朝，前2181—前2040）。

这种分裂状态持续了100多年。公元前2040年，割据上埃及的第11王朝法老门图荷太普二世（Mentuhotep II，前2060—前2010年在位）重新统一了上、下埃及，底比斯（Thebes）成为首都。埃及进入了中王国时期（Middle Kingdom，第 11 王朝～第 12 王朝，前 2040—前 1786）。

箭头所指为门图荷太普二世陵墓

门图荷太普二世陵墓现状

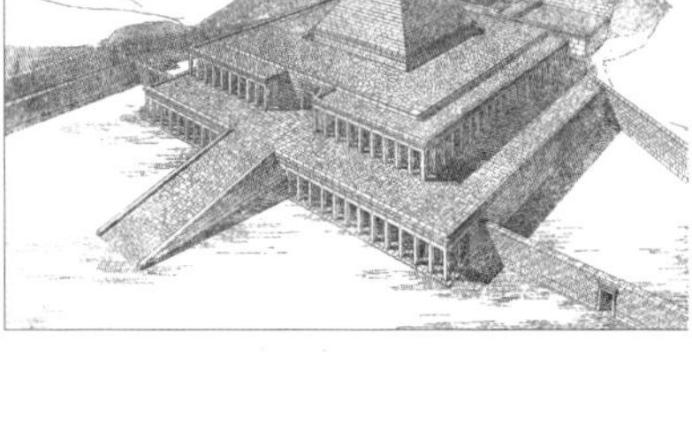

门图荷太普二世陵墓复原想象图（作者：Naville）

## 8-2 门图荷太普二世陵墓

与底比斯隔河相望的戴尔·巴哈里（Deir el-Bahari）有一道高约 300 米的红色山崖。生活在这里的人们很早就有将墓室建造在崖壁内的传统。门图荷太普二世就将他的陵墓建造在这里，墓前还建造了规模宏大的陵庙（Temple of Mentuhotep II）。

按照传统，陵庙的正面朝向东方。从今日已不复存在的河谷神庙进入后，要通过一条两侧站有狮身人面像的石板路，然后是一个宽阔的封闭庭院，再由长长的坡道登上一层平台。平台的中央是一座柱廊环绕的建筑废墟。关于这座废墟究竟是什么还存在着争议。有人认为它是一座坍塌的金字塔（如左下图所示绘制的形象），以此呼应古王国时期的金字塔陵墓。但也有人认为它可能是用于纪念在底比斯地区最受尊崇的创物神阿蒙神（Amun）的纪念物。阿蒙神原本只是一个普通的地方神，从这时起，他逐渐开始变成为全埃及的主神。通过将这样的安排，法老可以将自己的权威同至尊无上的阿蒙神联系起来，从而强化一度在中间期衰微下去的法老崇拜。

阿蒙神（头戴双羽冠）和他的妻子姆特神（头戴双王冠）（作者：J. Dahl）

在这座平台的后面还有一个院落，三面有柱廊环绕，再后面则是一座从山岩里开凿出的有80根柱子的大厅。这是已知最古老的埃及多柱大殿（Columned Hall）。最内部的空间是神堂（Sanctuary）。墓室则深埋在地下。

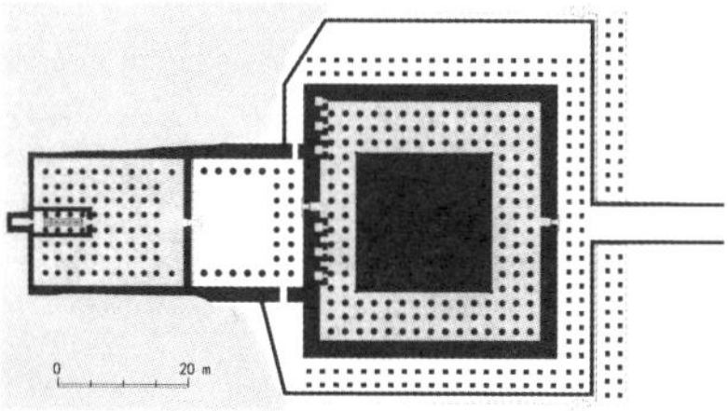


门图荷太普二世陵墓平面图

8–3

## 塞索斯特里斯二世金字塔

底比斯和利希特

中王国在第12王朝（Dynasty XII，前1991—前1786）时达到鼎盛，他们向南征服了今埃及、苏丹边境地区的努比亚(Nubia),向北则深入到迦南一带。出于政治上的考虑,第 12 王朝将首都迁回上下埃及交汇处附近的利希特(Lisht),底比斯则成为国家的宗教中心。

塞索斯特里斯二世金字塔

塞索斯特里斯二世金字塔局部

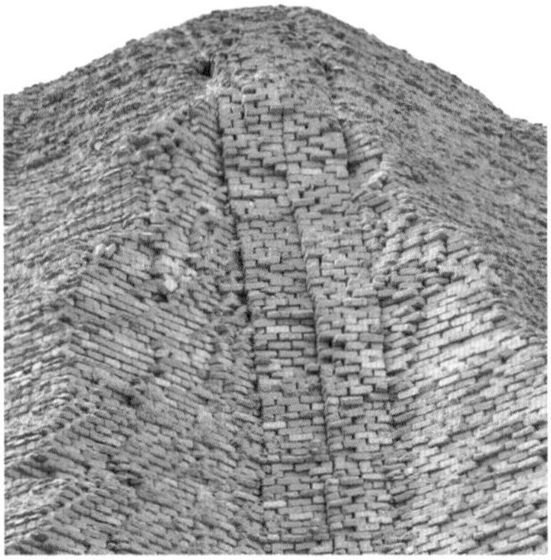



在利希特及其周边地带,第 12 王朝的法老们继承了修建金字塔的传统。但是在经历了第一中间期的动荡以及不断出现的盗毁金字塔的事件之后,法老们的威信和神性都受到很大影响,人们对修建金字塔的热情和信念已经远不能同第 4 王朝时期相比。新建的金字塔已经不再能够完全用石头建造,许多金字塔的核心部分改用廉价而低劣的泥砖砌筑,只是在外表覆上石块。比如位于利希特南方约 45 公里的塞索斯特里斯二世(Sesostris II,前 1897—前 1878 年在位)金字塔就是如此。但就是这些仅有的石块有的还是从包括胡夫金字塔在内的古王国金字塔上劫掳而来的。了不起的大金字塔时代已经成为历史。

## 8-4 卡洪古城

在塞索斯特里斯二世金字塔以东大约 1200 米远的地方，考古学家发现了一座大约是修建这座金字塔的建筑工人所居住的营地——卡洪古城（Kahun）。这是留存至今最为完整的古埃及城市遗址之一。它的平面为长方形，东西长约 400 米，四周有城墙环绕，东南部已被洪水冲毁。城中分布着宫殿、庙宇、集市、工坊，以及官员的大型住宅和整齐排列的工人住宅。



由于修建金字塔是一件耗时耗力的巨大工程，所以，在每一座金字塔的附近，都会有类似的城市存在。即使在金字塔建成之后，因为还会有各种维护供养的需求，这样的城市并不会就被废弃，而是继续保持繁荣景象。

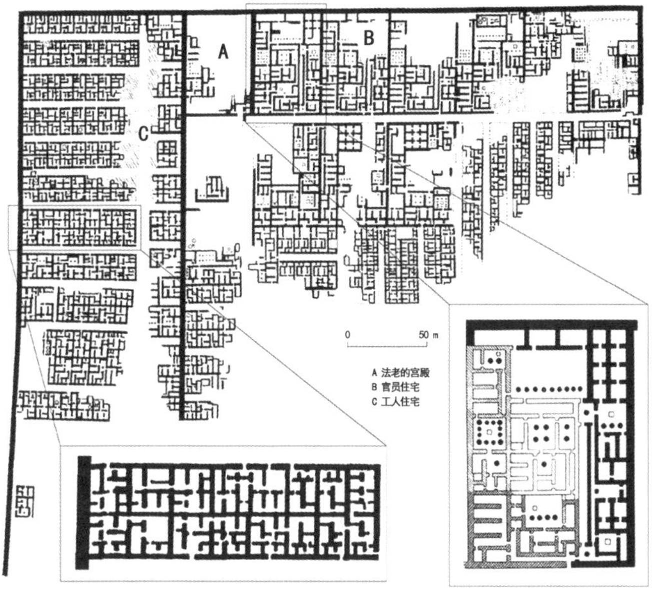


卡洪古城遗址平面图。下方两小图为局部放大，其中左图为工人住宅区，右图为官员住宅（作者：F. Petrie）

## 8-5 莫伊利斯湖

● 塞索斯特里斯二世金字塔和卡洪古城
● 阿蒙涅姆赫特三世金字塔和“迷宫”
● 双金字塔

法尤姆绿洲与尼罗河三角洲看上去就像是一对并蒂莲

塞索斯特里斯二世法老的金字塔坐落在从尼罗河通往法尤姆绿洲（Faiyum）的入口处。在他所处的时代，这里还只是一块低地。由于尼罗河的涨落全随天意，时常会出现涨水期水位过高或者过低的现象，都会严重影响人民生计。为了能在一定程度上解决这个问题，塞索斯特里斯二世找寻到这块法尤姆低地，在低地与尼罗河之间开挖运河，将洪水期的尼罗河水导入这里，使之成为一个大湖，称为莫伊利斯湖（Lake Moeris）。而到了枯水期，湖水又会倒流出来为下游地区提供灌溉用水。[一] 后来到他孙子阿蒙涅姆赫特三世（Amenemhat III，前 1842—前 1797 年在位）在位的时候，又在湖区东部修建水坝，围出大片耕地。这个工程极大地改善和促进了埃及民生与经济发展。

阿蒙涅姆赫特三世修建于湖区的双金字塔纪念碑（Fischer von Erlach 作于 1721 年）

[一] 希罗多德在其所著《历史》中描述说，这个莫伊利斯湖每年“有六个月水从河流入湖，六个月从湖倒流入河”。在湖水向外流的六个月中间，每天捕得的鱼价值相当于“一塔兰特”白银，约合 26 公斤。——「古希腊」希罗多德《历史》，第 177 页。

## 8-6 阿蒙涅姆赫特三世金字塔和“迷宫”

阿蒙涅姆赫特三世的金字塔位于法尤姆绿洲入口的西端，金字塔的西侧建有一座大型陵庙。希罗多德曾经到过这里参观，他将这座由 12 个大院子和 3000 间房间组成的建筑称为“迷宫”（Labyrinth）。在他看来，这座迷宫的壮观程度甚至超过了大金字塔：“把希腊人所修建的和制造的东西都放到一起，和它相比，在花费的劳力和金钱这点上，可说是小巫见大巫了。”[13]

这座金字塔如今还可以看到残迹，而“迷宫”则已毁坏殆尽了。

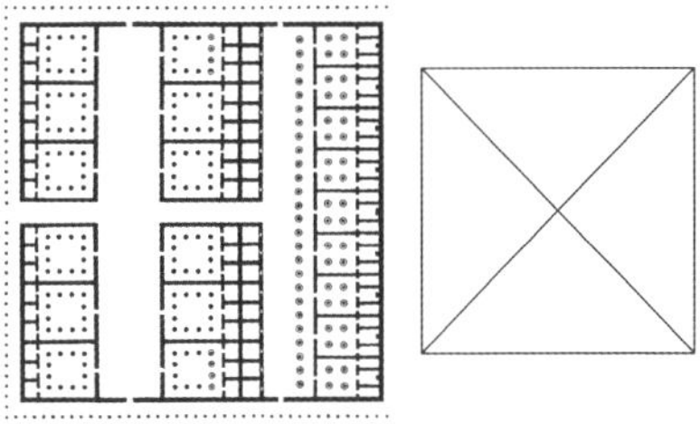

根据 F. Petrie 考古研究绘制的金字塔与『迷宫』平面图

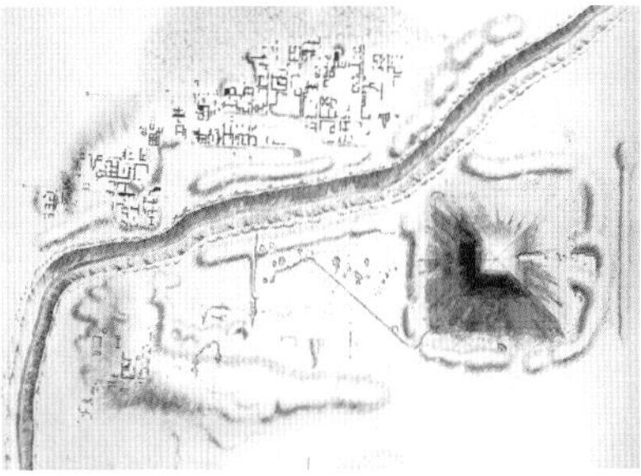

阿蒙涅姆赫特三世金字塔与『迷宫』现状平面图（作者：K. R. Lepsius）

后代开凿的运河从『迷宫』遗址穿过

# 第九章 新王国时期

我看见了昨天；我知道明天。



## 9-1 从喜克索斯人入侵到埃及新王国

古埃及壁画，画面左侧留络腮胡须者为喜克索斯人

第12王朝结束后，埃及又陷入动荡状态。在第13王朝（Dynasty XIII，前1786—前1633）统治的短短100多年间，先后更换了60位法老。公元前17世纪，一群可能是来自迦南的喜克索斯人（Hyksos）驾驶着埃及人未曾见过的马拉战车入侵了尼罗河三角洲地区，成为下埃及的主人。㊀历史上称这段时期

㊀ 以色列人可能就是在这个时候进入埃及的。

为“第二中间期”（The Second Intermediate Period，第 13 王朝～第 17 王朝，前 1650—前 1567）。

但是底比斯地区的上埃及人并未屈服。公元前 1567 年，在第 18 王朝（Dynasty XVIII，前 1567—前 1320）的创建者阿莫西斯一世（Amosis I，前 1567—前 1546 年在位）的带领下，他们使用从敌人那里学会的作战技术和武器将喜克索斯人逐出埃及，开始了埃及历史上最强大的新王国（New Kingdom，第 18 王朝～第 20 王朝，前 1567—前 1085）时期，或称帝国时期。

古埃及壁画：阿莫西斯一世驱逐喜克索斯人

在遭受外来入侵的教训后，以底比斯为首都的帝国统治者们奉行御敌于国门之外的政策，开始四处扩张。到公元前 1450 年图特摩斯三世（Tuthmose III，前 1504—前 1450 年在位）去世的时候，埃及的势力达到顶峰，控制了南到今苏丹，北到地中海东部沿海，甚至远至幼发拉底河上游的广大区域，使埃及成为一个不折不扣的大帝国。

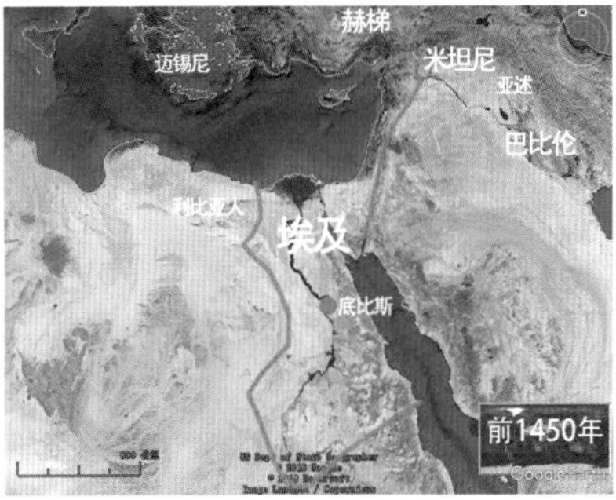


埃及帝国（前 1450 年）

## 9-2 卡纳克的阿蒙—拉神庙

帝国时期，埃及人对神的崇拜达到了高潮。在过去的分裂和动荡年代，神性和权威都受到很大削弱的法老们迫切需要在对神的崇拜中恢复他们的王权。从这时起，神庙开始取代陵墓，成为埃及帝国最为重要的建筑类型。



在这个时代，底比斯的地方神阿蒙神已经与全埃及人都崇拜的太阳神拉神（Ra）合二为一，被称为阿蒙—拉神（Amun-Ra），成为埃及国神，君主则被神化为阿蒙—拉神之子。位于底比斯的卡纳克（Karnak）神庙建筑群是帝国时期建造的最大和最重要的神庙建筑，是埃及历代法老向至高无上的阿蒙—拉神献祭的崇高圣地。这个建

卡纳克的阿蒙—拉神庙和姆特神庙（右上）复原模型（作者：Altair4）

筑群由阿蒙—拉神庙（Temple of Amun-Ra）、姆特神庙（Temple of Mut）和另外几座神庙组成，其中尤以阿蒙—拉神庙规模最为宏大。

这座阿蒙—拉神庙早在中王国时期就开始建造。新王国重新统一后，第 18 王朝法老图特摩斯一世（Tuthmose I，前 1526— 前 1513 年在位）开始大规模扩建神庙。此后，随朝代更替王朝兴衰，前后超过 1000 年时间，历代帝王不断地进行建设，终于使之成为一座世界上最为雄伟壮观的神庙建筑。

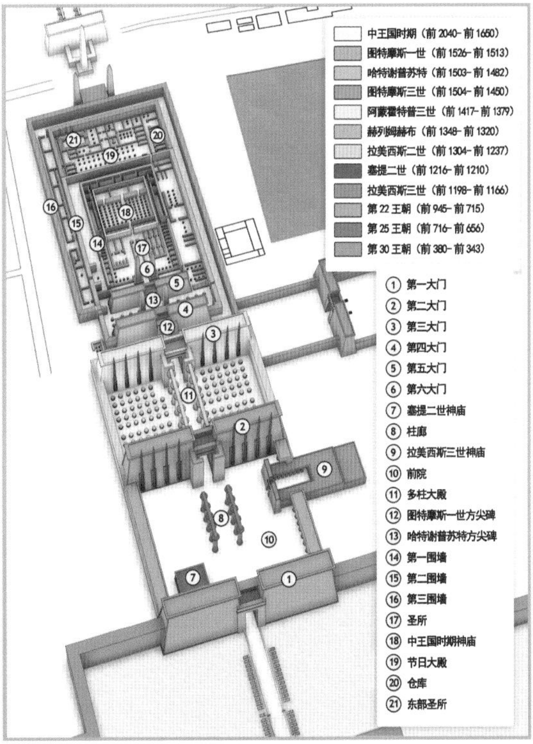


卡纳克的阿蒙—拉神庙主体建筑建造年代示意图（图片：Wikimedia Commons）

这座神庙建筑群的总平面为梯形，用一道高大的围墙围起，周长超过 2 公里。神庙主体建筑全长366米、宽113米，正面朝西，从西向东沿着主轴线一共设有六道牌楼式大门(Pylon)。此外，还有一条由四道大门组成的轴线向南通往阿蒙神的妻子姆特神的神庙。

左侧为第一道大门

第一道大门前的斯芬克斯大道

第一道大门前的斯芬克斯像

第一道大门是所有古埃及神庙大门中最大的一座。它的建造时间最晚，是第30王朝(Dynasty XXX，前380—前343)时期建造的，却没有能完全建成。它宽约113米、高约34米、厚约15米。这种牌楼门的形式与美索不达米亚的门楼形式有相近之处，不过埃及人显然没有继承他们的拱门构造。

第一道大门前有一条运河可以直通尼罗河。在运河码头与大门之间，大道两侧紧密排列着数十尊羊头狮身的斯芬克斯像，羊须下立着法老的雕像。公羊是阿蒙神的象征，将法老像置于阿蒙神的象征物之前，是希望以此获得阿蒙神的庇佑。

第一道大门内是一个方形的

大院，其南北两侧各有一座小神庙，中央有一个很大的柱廊通向已经严重毁坏的第二道大门。

第二道大门复原图（作者：M. Millmore）

从第二道大门进去，就是由第19王朝（Dynasty XIX，前1320—前1200）法老塞提一世和拉美西斯二世统治时期建造的著名的多柱大殿（Hypostyle Hall）。这是一个令人叹为观止的巨型空间。大殿内部净宽103米、进深52米，其间密排着134根柱子。其中位于左右两侧的122根纸草㊀束茎式圆柱，高12.8米、直径2.74米，而中间两排12根纸草盛放式圆柱高21米、直径3.57米，其上架设着9.21米长的石质大梁，

从第二道大门看向多柱大殿遗迹

多柱大殿复原解剖图（作于19世纪）

㊀ 纸草（Papyrus），或称纸莎草，是尼罗河三角洲生长的一种挺水植物，将它的茎秆切成薄片并交错放置锤打压平干燥后即可用来书写，并可卷起以便保留或传递。英语中的“纸”（Paper）一词就由此而来。用纸莎草的形象来做柱头是埃及人十分喜爱的方式。

多柱大殿局部，近景柱头为纸草束茎式，远景柱头为纸草盛放式

每块石头重达65吨。大殿四面都是高墙封闭，仅有从中央两排高起的柱子所形成的侧窗可以采光。不妨想象一下，当细弱的阳光穿过窗格游入这座差不多有一个足球场那么大的石林般的大殿时，会是何等森严和神秘的景象！

俯瞰多柱大殿（左侧）和两座方尖碑（右下）



在相距很近的第三道大门和第四道大门之间，图特摩斯一世在这里竖起了两座高约22米、重约140吨的方尖碑（Obelisk），其中南侧的一根仍然还保存着。方尖碑是太阳神的象征物，一般都是用整块的石材制成，顶端放置一座表面包金的小型金字塔。后来，图特摩斯一世的女儿哈特谢普苏特女王（Hatshepsut，前1503—前1482年在位）在第四道大门和第五道大门之间也竖立了两座方尖碑，它们的高度达到30米，其中北侧的一根幸存至今。

右侧为图特摩斯一世方尖碑，左侧为哈特斯帕苏方尖碑

在这座神庙的周围原本还有另外几座方尖碑，可能也是哈特谢普苏特或者图特摩斯三世的时候建造的。埃及被罗马帝国征服后，其中一座高约36米、重约

455 吨的方尖碑在公元 4 世纪的时候被罗马皇帝搬运到罗马，用来装饰大赛车场。罗马帝国灭亡后，这座方尖碑倾覆并被泥土掩埋，直到 16 世纪才被重新挖掘出来。在去除掉严重破损的大约 4 米的长度之后，它被重新竖立在罗马教皇的拉特兰宫门前，是目前仍然耸立着的最高的埃及方尖碑。

罗马拉特兰宫门前的埃及方尖碑



这几座方尖碑的原产地都是在底比斯上游 270 公里外的阿斯旺（Aswan）。在那里的一座采石场，如今还能见到一座未完成的方尖碑，大约是在加工到第四面时发现石质有缺陷而被迫放弃的。如果按计划完成的话，它的高度将达到 42 米，重 1200 吨！

未完成的哈特谢普苏特方尖碑

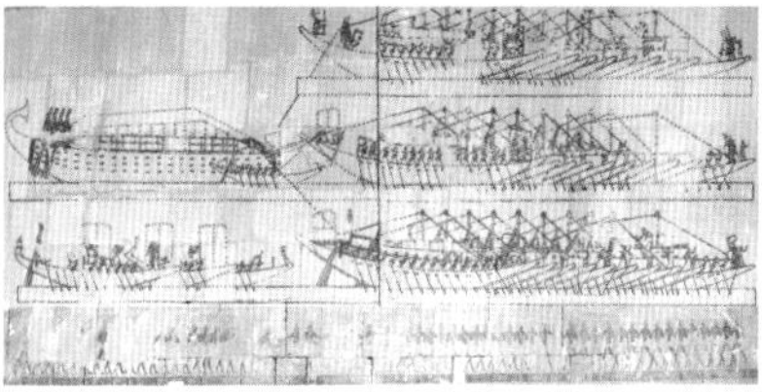

古埃及壁画所展现的河上运输方尖碑情景

埃及人如何搬运如此巨大的石头，这一直都是后人关注的话题。一种合理的猜想是，他们在方尖碑开采点的纵轴线下方挖掘一个干船坞，在其中停泊用来运输方尖碑的船只，使其甲板与周围地面平齐，两侧用木头支撑以保持平衡。而后通过在地上放置

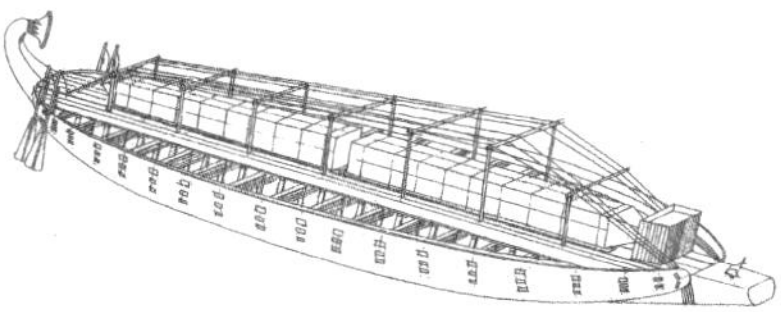

方尖碑运输船复原图（T. Hoogeveen）

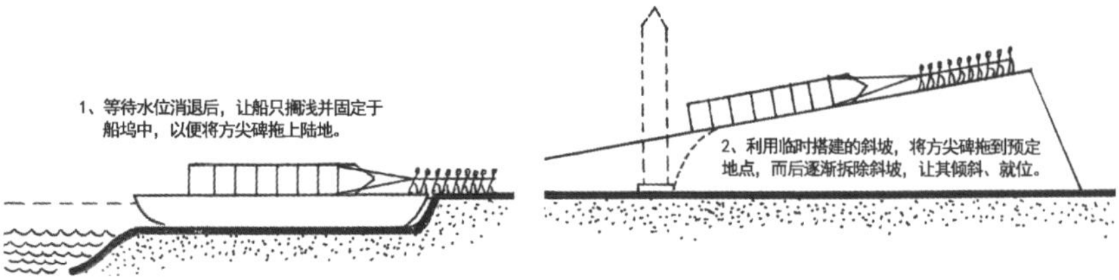
1、等待水位消退后，让船只搁浅并固定于船坞中，以便将方尖碑拖上陆地。
2、利用临时搭建的斜坡，将方尖碑拖到预定地点，而后逐渐拆除斜坡，让其倾斜、就位。

方尖碑运输、卸载、移动和就位过程示意图

滚木的方式用人力将方尖碑拖上甲板。一切就绪后，就等待尼罗河涨水期到来，通过与尼罗河相通的运河将水引入船坞，使船只浮起，然后通过水路运往施工工地。上岸的过程与之相反，利用洪水消退使船只搁浅并固定在预先挖好的船坞，而后用人力将其拖至方尖碑计划竖立的地点，最后利用临时搭建的斜坡将其引导就位。

与这些宏伟壮观的方尖碑、多柱大殿和一道又一道的大门相比，隐藏在神庙深处供奉神灵的圣所实在是小之又小。这是埃及神庙建筑的共同特点。由于法老的神性和权威已经不足以得到百姓的完全信赖，他们不得不高度依赖掌控着凡人与神灵之间交流途径的祭司集团。只有依靠祭司集团的大力宣传，法老们才能够与神灵挂上钩，才能够使他们的政权获得足够的合法性。

略有变形的卡纳克阿蒙—拉神庙分解艺术图（作者：S. Biesty）

## 9-3 哈特谢普苏特女王陵庙

哈特谢普苏特女王并非是埃及历史上第一位成为法老的女性。早在古王国时代的第6王朝时期，就曾经有过一位女法老，名叫尼托克丽丝（Nitocris，约前2181年在位）。根据希罗多德的描述[14]，她作为前任法老的妹妹兼王后，在哥哥兼丈夫被谋杀后，登上王位为丈夫报仇雪恨，而后自杀身亡，埃及古王国也随之结束。哈特谢普苏特复制了尼托克丽丝登上王位的道路，但结局完全不同。作为图特摩斯一世的女儿，按照埃及王室传统，她嫁给了异母兄弟图特摩斯二世（Tuthmose II，前1512—前1504年在位），并在懦弱的丈夫执政后期控制了朝政。丈夫去世后，哈特谢普苏特以年幼继子图特摩斯三世的母后摄政王身份继续掌控朝政，并于一年后抛开图特摩斯三世，以法老名义独掌大权。

哈特谢普苏特



从图特摩斯一世时代起，为了避免遭到盗贼破坏，埃及法老的埋身之地就不再像金字塔时代那样大张旗鼓广而告之，而是隐藏在西底比斯的一个后来被称为“帝王谷”（Valley of the Kings）的神秘山谷中，只是在显要的地方建设祭祀用的陵庙。在这当中，哈特谢普苏特的祭祀陵庙（Mortuary Temple

右侧近景为哈特谢普苏特女王陵庙，左侧远景为门图荷太普二世陵墓

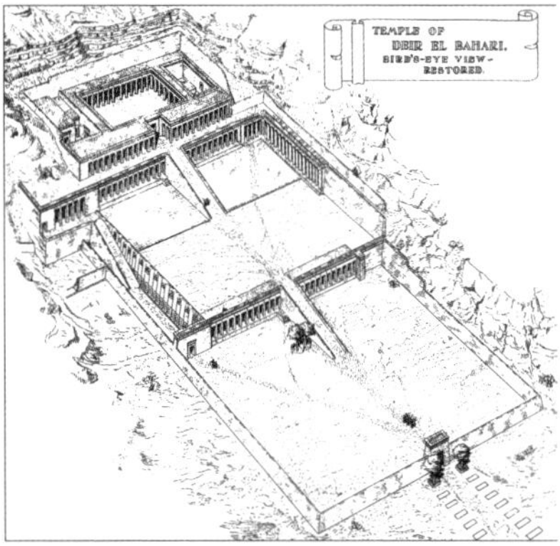


哈特谢普苏特陵庙复原图（作者：S. Clarke）

阿努比斯神堂柱廊

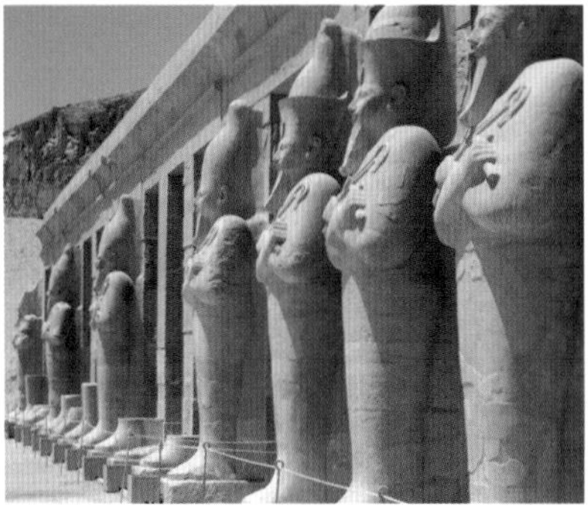

三层平台上的女王像柱廊

of Hatshepsut）最为雄伟壮观。她将陵庙的基地选择在戴尔·巴哈里的那座500年前中王国的缔造者门图荷太普二世的陵墓旁边。在这里，她建造了一座样式相似，但规模和气派远胜一筹的新陵庙。

在面向东方的红色山岩之前，一条两旁密布着斯芬克斯像的大道从尼罗河畔一直延伸到陵庙大院门口。庭院的尽头是一道柱廊，两端各立着一尊女王的雕像。柱廊中央有一个长长的斜坡通向二层平台。该平台的尽端也是一道柱廊，两侧各有一座小神堂。其中位于南侧的是哈托尔神堂（Chapel of Hathor），位于北侧的是导引亡灵的阿努比斯神堂（Chapel of Anubis）。这座阿努比斯神堂备受后世关注，因为它的柱廊与近千年后出现的著名的希腊多立克柱式之间有明显的因承关系。从两座神堂之间的斜坡可以通上三层平台，迎面是一整排的女王雕像。之后是一个小庭院，北侧是太阳神庙，南侧是祭祀用房，而西侧正中央则是祭祀神堂。

这座哈特谢普苏特女王陵庙是将建筑意图与自然环境完美结合的典范。建筑师桑穆特（Senmut）总结前人的经验，按照人流的活动路线精心安排空间，通过严正的轴线、逐渐上升的地形变化，反复渲染庄严神圣的气氛，使之成为无可争议的帝王和神的永恒住所。

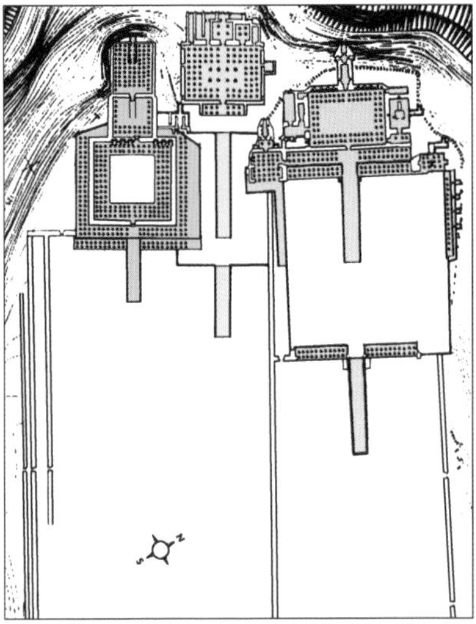

戴尔·巴哈里陵庙群，从左至右分别为：门图荷太普二世陵墓、图特摩斯三世陵庙和哈特谢普苏特陵庙（作者：R. Wilkinson）

后来图特摩斯三世也把陵庙建在这里。三座陵庙一起组成一个庄严肃穆的纪念建筑群。



## 9-4 图特摩斯三世

哈特谢普苏特女王去世的时候，被她撇在一边长达22年的图特摩斯三世已经长大成人。他重返王位，并在之后的32年间，励精图治，带领埃及军队南征北战，成为埃及历史上战功最卓著、最了不起的一代名帝。

图特摩斯三世

## 9-5 卢克索神庙

阿蒙霍特普三世

图特摩斯三世的好战性格传给了他的儿子和孙子，但到他的曾孙阿蒙霍特普三世（Amenhotep Ⅲ，前 1417—前 1379 年在位）时传到了尽头。阿蒙霍特普三世不喜战争，而专好奢华建设。

卡纳克阿蒙神庙（远）与卢克索神庙（近）复原图（作者：J. C. Golvin）

公元前 1390 年，阿蒙霍特普三世开始修建卢克索神庙（Temple of Luxor）。这座神庙位于卡纳克阿蒙神庙的南面，也是一座献给阿蒙—拉神的神庙，两者间由一条 2.5 公里长的包着金箔和银箔的石板大道贯通，大道两侧密集排列着圣羊斯芬克斯像，被称之为斯芬克斯大道。

卢克索神庙大门现状

卢克索神庙的大门建造于拉美西斯二世时代，保存得较为完好，门两旁的竖槽原本插有旗杆，旗帜的更换是通过上方的窗洞进行。拉美西斯二世在门前放置了两尊自己的坐像，两侧原本还有四尊站像。石墙上满布着颂扬公元前1299年拉美西斯二世在叙利亚卡叠什（Kadesh）同赫梯军队所进行的著名战役的浮雕。这些浮雕原本都是彩色的，拉美西斯二世的雕像也着彩色，再加上门头上彩旗猎猎，门前景象之热闹喧嚣不难想象。

卢克索神庙大门复原图（作者：M. Millmore）

拉美西斯二世的坐像前原有两座方尖碑，高23米，重约230吨。现原址仅存一座，另一座于1836年被运到法国巴黎，竖立在协和广场中央。法国文学家G. 福楼拜（G. Flaubert，1821—1880）在谈及它的命运时曾感慨道："它该感到多么厌倦，它一定也会想念尼罗河畔的故乡。"

卢克索方尖碑在巴黎协和广场竖起（作者：T. Jung）

大门里面的布局属于常规的埃及神庙类型，经过两道庭院与

卢克索神庙复原解剖图（作者：R. E. Pinar）

一道大柱廊之后是多柱大殿，最后到达幽深的神堂。

## 9–6 门农巨像

阿蒙霍特普三世的圣甲虫饰物。圣甲虫是太阳神的象征，埃及人相信它能帮助人实现轮回

公元前1360年，阿蒙霍特普三世在西底比斯建造了一座规模巨大的陵庙。大约是因为这座神庙地势较为低洼的缘故，千百年后，除了庙门前两尊法老的巨型雕像还坐落在尼罗河畔述说着往昔的荣光之外，其他部分都已经荡然无存了。这两座雕像都是用整块的石头雕刻而成的，高约18米，重约720吨，是从尼罗河下游680公里外的采石场经由陆路用人力拖过来的。

阿蒙霍特普三世陵庙大门复原图

公元前27年，当地发生了一场大地震，其中一尊巨像被震裂。从此以后，每当黎明时分，风吹过这道裂缝便会发出钟鸣声，仿佛在问候初升的太阳。希腊旅行家敬畏地称它们为“门农巨像”（Colossi of Memnon）。

阿蒙霍特普三世陵庙大门前的雕像遗迹

门农是希腊传说中黎明女神厄俄斯（Eos）的儿子，在特洛伊与希腊人的战争中牺牲。两百多年后，一位好心的罗马皇帝对这两座雕像进行维修，大约是把裂缝给堵上了，从此以后，再也没有人听到过门农对母亲的问候了。

门农巨像（作者：D. Roberts）



## 9—7 埃赫那吞

公元前1379年，阿蒙霍特普三世的儿子阿蒙霍特普四世（Amenhotep IV，前1379—前1362年在位）接替了法老的职位。这位年轻的法老对以阿蒙神庙为代表的早已腐化堕落的祭司阶级极为不满，决心向他们发起挑战。他下令关闭阿蒙神庙，废除包括阿蒙神在内的埃及所有神灵，只保留了太阳神之一的阿吞神（Aton）。他宣称阿吞是宇宙间唯一的神。他将自己的原意为“阿蒙神的仆人”的名字改成为埃赫那吞（Akhenaten），意思是“阿吞神的仆人”。他更进一步将首

埃赫那吞（原名阿蒙霍特普四世）

阿吞神庇护下的埃赫那吞及其妻女。充满生活气息的画面在过去是看不到的

表现法老夫妇日常生活的浮雕。对比一下那座『纳尔迈调色板』上的法老像，那才是法老『应有』的形象

被拆毁的阿肯太吞阿吞神庙遗址

都从阿蒙神的发源地底比斯迁往北方的阿玛尔纳（Amarna），他称其为阿肯太吞（Akhetaton），意思是“阿吞之都”。

埃赫那吞朝气蓬勃不拘一格。在他的领导下，埃及出现了一个空前的艺术大繁荣景象。艺术家们不再被已经传承了将近2000年日趋僵硬的传统风格所拘泥而大胆创新，使古老的埃及艺术迸发出很久未见的青春活力。

然而，埃赫那吞的改革操之过急了。那些既得利益被剥夺的人们怀恨在心，等他一去世，就联合起来逼迫继任法老恢复旧制。阿肯太吞被完全废弃，阿吞神的追随者遭到残酷迫害㊀，甚至埃赫那吞的名字也被从神庙中抹去，以后但凡有必须提及之处，一律以“罪魁”二字代之。埃及的一切又恢复原样，只在艺术创作上后来还多多少少留下了一些埃赫那吞时代的痕迹。

㊀ 有学者认为埃赫那吞的一神教信仰可能是受到当时正寄居在尼罗河三角洲地区的以色列人的影响。所以当埃赫那吞时代结束之后，以色列人就开始受到迫害。——参见「英」乔治·罗林森：《古埃及史》，第 204 页。

# 9-8 帝王谷

帝国时代法老们的实际葬身之处是在门图荷太普二世陵墓和哈特谢普苏特陵庙所在山崖后方的“帝王谷”，王后们则埋葬在靠近尼罗河一侧的王后谷。由于其背景上的一座高山酷似金字塔，使这里平添了几分神圣的含义。

第一位选择在这里建造墓地的法老是图特摩斯一世，其目的本是为了让灵魂有一个不受打扰的庇护所。但必定会令他和他之后数十位法老们泉下失望的是，几乎所有的墓室都被历代盗墓贼发现并洗劫一空。到第 21 王朝（Dynasty XXI，前 1085—前 945）的时候，万般无奈之下，当时的法老不得不对埋葬于此的所有陵墓进行清理，将遭到破坏的法老木乃伊进行修复，而后全部迁往面朝尼罗河的一处墓穴集中埋葬以便看管保护。但是这一次的官方迁墓行动做得不够仔细，竟然漏掉了一位。

帝王谷与王后谷。中央山峰形似金字塔，左前方为门图荷太普二世和哈特谢普苏特陵庙，其后红点处为法老的最后安身地

## 9-9 图坦哈蒙墓

卡特正在查看图坦哈蒙棺木

1922 年 11 月，英国考古学家 H. 卡特（H. Card）和卡那封勋爵（Lord Carnarvon）发现了帝王谷中唯一一座既未曾遭破坏也未被搬迁的法老墓室。这是考古学历史上最激动人心的发现之一。在其中所发现的数以千计的文物成为研究伟大而神秘的埃及文明的不可多得的宝贵财富。

覆盖在图坦哈蒙木乃伊上的金面具

这位法老名叫图坦哈蒙（Tutankhamun，前 1361—前 1352 年在位），是埃赫那吞的儿子兼女婿[㊀]。他的原名叫作图坦哈吞，大约在 7~8 岁左右的时候，继他的一位短暂执政的同父异母哥哥之后成为埃及法老。趁他年幼，反埃赫那吞的势力重占上风，阿蒙神重新成为埃及最高神。他也被迫改名为图坦哈蒙，意思是“阿蒙神活着的肖像”。

图坦哈蒙在位仅仅 9 年就去

㊀ 图坦哈蒙可能是埃赫那吞的妃子所生，娶了嫡生的妹妹以维持正统。

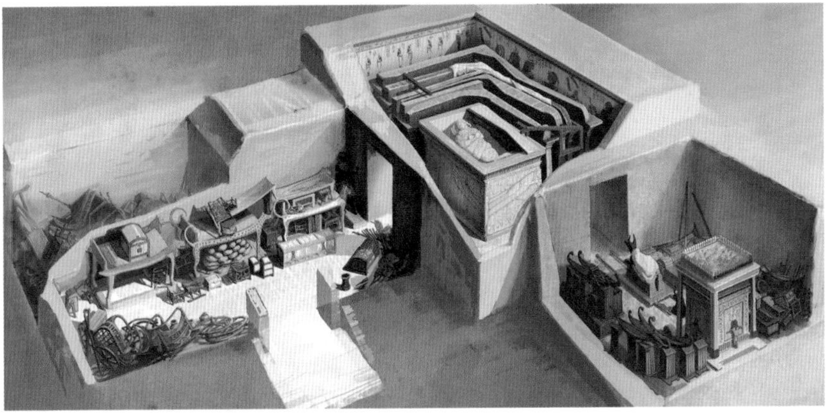

图坦哈蒙墓室复原图（作者：W. Ostrycharz）



世了。他的墓室一共由四个房间组成，规模不大，所以后人猜测可能是因为他突然去世，还来不及建造真正属于自己的陵墓，只好将就了事。四个墓室中，有一个专门用来放置法老的棺木，另外三个则用来放置法老升天时所需要用到的各种物品。棺木的最外部分是四层镀金木质神龛，里面是一座石棺，石棺内又有三层人形棺，外面两层是镀金木棺，内层则是纯金打造，里面躺着法老的木乃伊，脸上罩着金面具。

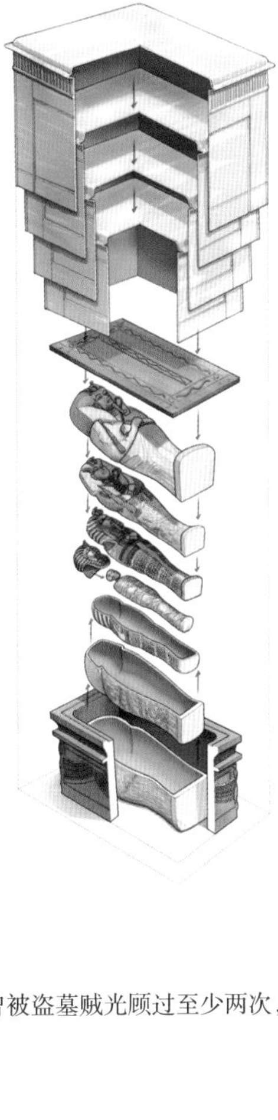

图坦哈蒙棺木解剖图（图片：Infografias de La Voz）

许多年后，一位法老将墓地建造在图坦哈蒙墓的边上，在施工的时候不慎将图坦哈蒙墓道的入口破坏并掩埋，这样就使这座墓室因祸得福得以逃过后世盗墓贼㊀的破坏以及第 21 王朝的迁墓运动而幸存至今。

㊀ 从考古现场痕迹判断，图坦哈蒙的墓室在他刚刚下葬之后就曾被盗墓贼光顾过至少两次，但幸好都被警卫及时发现阻止因而未受损失。

# 9-10 塞提一世墓

塞提一世墓室拱顶大厅

帝王谷中最壮观的地下建筑当属第 19 王朝法老塞提一世（Seti I，前 1318—前 1304 年在位）的墓室。㊀

这座如今被编号为 KV17 的墓室在地下延伸 137 米，由 11 间不同大小和形状的墓室组成。这些房间都满饰壁画。19 世纪英国建筑史家 J. 弗格森（J. Fergusson）将其形容为“从岩石上凿出来的华丽的宫殿”。[15]

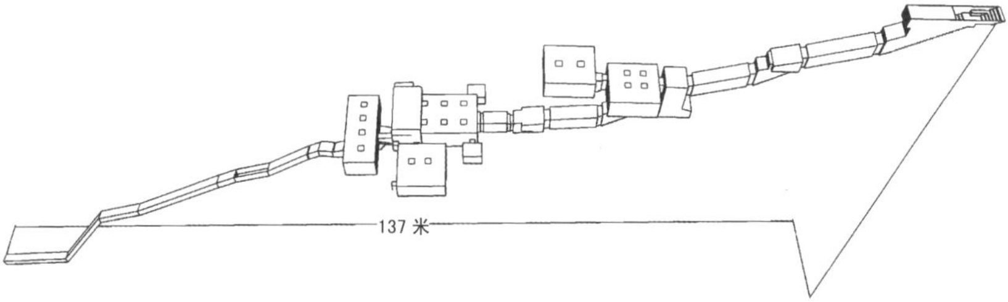


塞提一世墓室透视复原图（作者：R. F. Morgan）

㊀ 塞提一世还是王后谷（参见本书 103 页照片）的开创者，他率先将其母亲安葬在那里。以后那里就成为埃及王后、王妃和王子们的埋身之地。

## 9-11 阿拜多斯的塞提一世神庙

塞提一世和他的儿子拉美西斯二世（Ramesses II，前1304—前1237年在位）都是富有进取精神的法老。㊀他们继承祖先传统，对外保持扩张态势，对内则大兴土木，包括卡纳克阿蒙—拉神庙的多柱大殿在内，许多宏大的建筑都在这个时期建造起来。

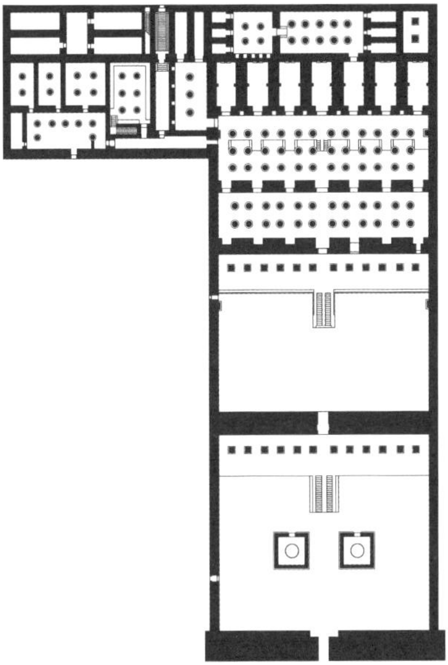

塞提一世神庙平面图

位于阿拜多斯的塞提一世神庙（Temple of Seti I at Abydos）是古代埃及最壮观的神庙建筑之一。它的平面很特别，在两座大门和两个庭院之后是紧挨在一起的两座多柱大殿，然后是7座一字排开的神堂，供奉着卜塔、拉、阿蒙、奥西里斯、伊西斯、荷鲁斯以及法老本尊在内的7位神灵。

塞提一世神庙多柱大殿

㊀ 一般认为，就是在他们父子连续统治的这80年期间，生活在尼罗河三角洲的以色列人开始受到粗暴对待。最终在拉美西斯二世儿子在位的时候，他们逃回了今天的以色列。

阿布·辛拜勒神庙

阿布·辛拜勒神庙大门两侧的拉美西斯二世像

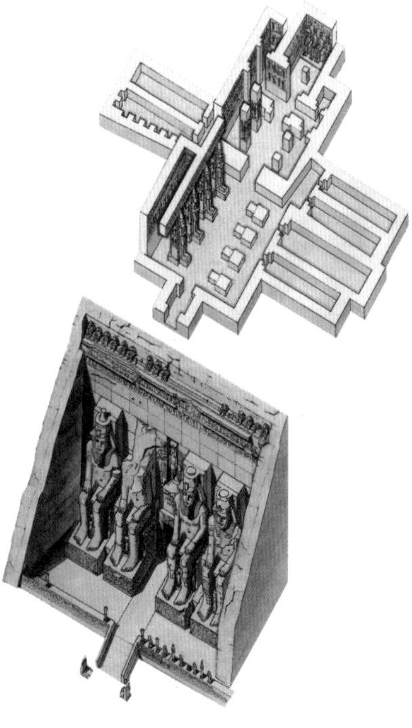

阿布·辛拜勒神庙解剖图（作者：G. Cross）



9-12

## 阿布·辛拜勒神庙

塞提一世的儿子拉美西斯二世是埃及历史上执政时期最长的法老。

位于尼罗河上游努比亚地区（Nubia）的阿布·辛拜勒神庙（Temples of Abu Simbel）是拉美西斯二世时代建造的最著名的建筑之一。这座神庙不是建在平地上，而是全部在尼罗河西岸的崖壁上凿岩而成，面朝东方。在宽 36 米、高 32 米的大门前有四尊高 22 米的拉美西斯二世巨型雕像，仿佛在时刻提醒着努比亚人谁是他们的最高主宰。

神庙内部进深超过 60 米，由一系列各种形状和用途的厅室组成。首先是多柱大殿，在 8 根方柱前站立着法老的雕像，天花上画着飞翔的兀鹰，这是法老的标记。再往里去又是一个多柱大殿。尽端是神堂，从左到右安放着卜塔、阿蒙、法老和拉四位埃及世界最重要神祇的坐像。每年的2月22日（拉美西斯二世的生日）和10月22日（神庙的奠基日）这两天[㊀]，清晨的阳光必定会直射入洞穴内，照在这些石像上，给它们笼罩上一层神圣的光芒。

阿布·辛拜勒神庙内部

阿布·辛拜勒神庙的旁边还有一座较小一些的神庙，也是在山崖上开凿出来的，是拉美西斯二世的第一位皇后尼斐尔泰丽（Nefertari，意为“最美的女人”）的神庙，献给女神哈托尔（Hathor，长着牛耳的爱情女神）。

阿布·辛拜勒神庙与尼斐尔泰丽神庙（D. Roberts 作于1848年）

1898年和1960年，埃及政府先后在阿布·辛拜勒神庙下游尼罗河上修建了两座大坝。这座神庙因此面临被水库淹没的危险。在国际社会的共同努力下，两座神庙被切割成两千多块，而后在原址后65米高的山上重新组装，创造了文物保护的一种新方式。

阿布·辛拜勒神庙群鸟瞰



㊀ 选择在10月22日奠基，就是为了能够与法老生日那天一样，让阳光刚好直射入内。

# 9-13 拉美西斯二世陵庙

拉美西斯二世陵庙遗迹

拉美西斯二世的陵庙（Ramesseum）也位于西底比斯地区。它的规模很大，从前往后要先后穿越两个柱廊围合的庭院才能抵达中央的多柱大殿和神堂，周围还遍布用泥砖砌成的拱形粮仓。

右为拉美西斯二世雕像残片

在神庙第二道大门的废墟前横卧着一块拉美西斯二世巨型坐像的残片。在刚刚建好的那个年代，它的高度有20米，是用整块花岗岩制成的，重量约1000吨，是近代以前人类成功搬运过的最重的石头。为了将它从上游约

埃及壁画中展现的埃及工人搬运法老雕像的场景

270 公里外的采石场陆路运来，据说要动用 1000 个劳力和 200 头公牛。

1817 年，英国诗人雪莱( P. B. Shelley，1792—1822 )在其名作《奥西曼迭斯》（Ozymandias）中将这座雕像称为“王中之王”。他说的一点也不错，虽然当时他并不知道这是谁的雕像。只是岁月无情，昔日的王中王如今只能与“空莽莽”的“寂寞平沙”为伴了。

## 9-14 拉美西斯三世陵庙

拉美西斯二世之后最有名的法老当属第 20 王朝的拉美西斯三世（Ramesses III，前 1198—前 1166 年在位）。他在位期间，努力与正在地中海上肆虐的所谓“海上民族”㊀作战，维护了埃及

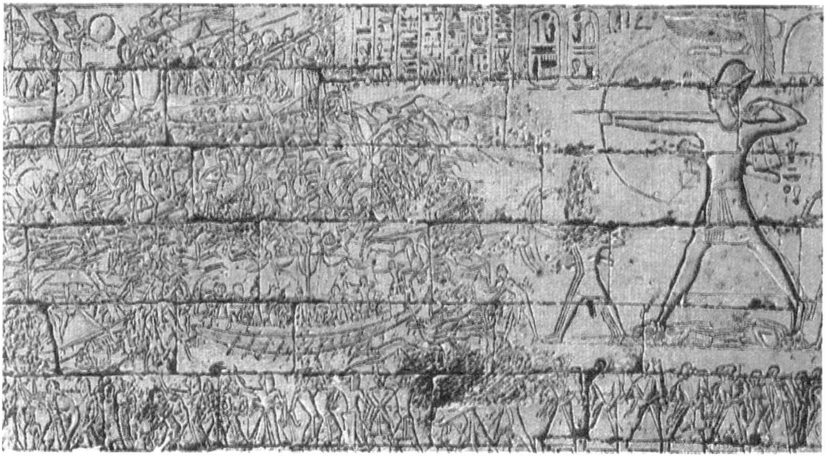

拉美西斯三世陵庙侧墙上表现拉美西斯三世与所谓『海上民族』英勇战斗的场景

㊀ 前述入侵并导致赫梯帝国灭亡的可能就是这个神秘的“海上民族”。从公元前 13 世纪下半叶开始，到公元前 12 世纪，这个极具侵略性的航海者集团横扫东地中海的各个文明中心，给埃及、赫梯以及后面将要介绍的古希腊迈锡尼文明带来了巨大的灾难。

帝国最后的安宁岁月。

拉美西斯三世陵庙鸟瞰

拉美西斯三世的陵庙（又名哈布城，Medinet Habu）也位于西底比斯地区，其布局与拉美西斯二世陵庙相似，总体保存较为完好，是了解新王国时期埃及建筑艺术的极好资料。



## 9–15 戴尔·美迪纳

人类历史上第一次有记载的工人罢工事件就发生在拉美西斯三世统治时期。由于工钱未能按时支付，在拉美西斯三世陵庙附近一个叫作戴尔·美迪纳（Deir el-Medina）的专门提供给建筑工人居住的“工人村”爆发了罢工行动。这一事件被文书用纸莎草记录下来。工人们最终讨回了公道。

戴尔·美迪纳遗迹

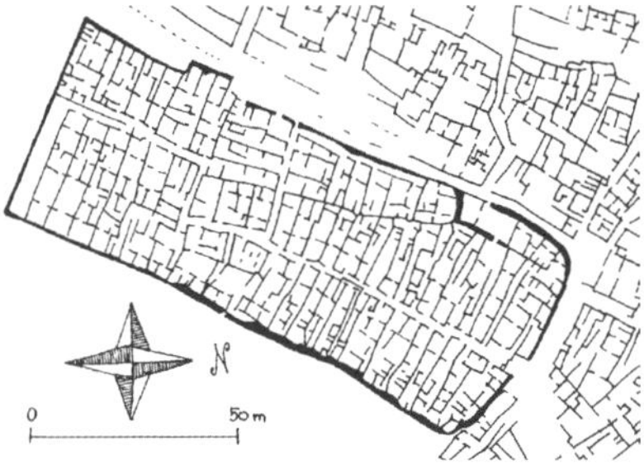


戴尔·美迪纳平面图

早在第18王朝开始建造帝王谷的时候，戴尔·美迪纳这个地方就已经是工人宿舍区了。在村庄外围的山坡上，现在还能看到一些小型金字塔形状的工人墓室，大概他们也想要分享法老的永生秘诀吧。

经过修复的工人墓室

# 第十章 从第三中间期到托勒密王朝

“她的鼻子要是短一寸的话，世界历史将会为之改变。”

## 10-1 从第三中间期到古埃及晚期

公元前1085年，由于内忧外患，埃及新王国时代走向终结。在这之后的几百年里（史称第三中间期，The Third Intermediate Period，第21王朝~第25王朝，前1085—前664），随着埃及的分裂与衰落，一批又一批的外来民族涌入埃及。在这当中，深受埃及文化熏陶的利比亚人和努比亚人先后被尊为法老。公元前671年，亚述军队攻陷孟菲斯和底比斯。在与亚洲各国对抗了2000多年后，埃及终于遇到强劲对手，招架不住，沦为亚述帝国的傀儡。

公元前655年，亚述帝国因四面树敌而陷入困境。被亚述委派为埃及总督的利比亚人普萨美提克一世（Psamtik I，前664—前610年在位）趁机宣布独立。在希腊雇佣军的助力下，普萨美提克一世带领埃及人民赶跑了亚述占领军，恢复了埃及的统一和秩序，古埃及文明由此进入晚期阶段（Late Period，第 26 王朝～第 31 王朝，前 664—前 332）。

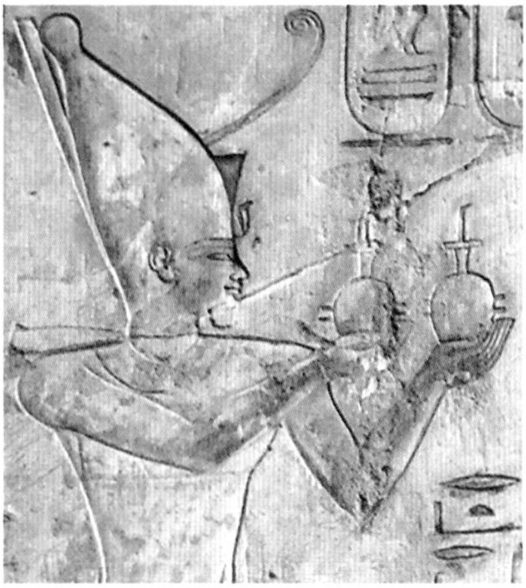

普萨美提克一世

## 10-2 环行非洲

公元前 610 年，普萨美提克一世的儿子尼科二世（Necho II，前 610—前 595 年在位）成为新的法老。在希腊工匠的帮助下，他在地中海和红海各建立了一支希腊式的海军舰队。为了便于在战时进行部队机动，他首先试图恢复曾经在塞提一世和拉美西斯二世统治期间所开掘的沟通尼罗河与红海的运河，但因为这段运河淤塞严重，一时之间难以疏通，于是他想到了另一种方法。

尼科二世

到这个时候，已经有一些希腊地理学家开始意识到地球陆地的外围可能是由相互贯通的海洋

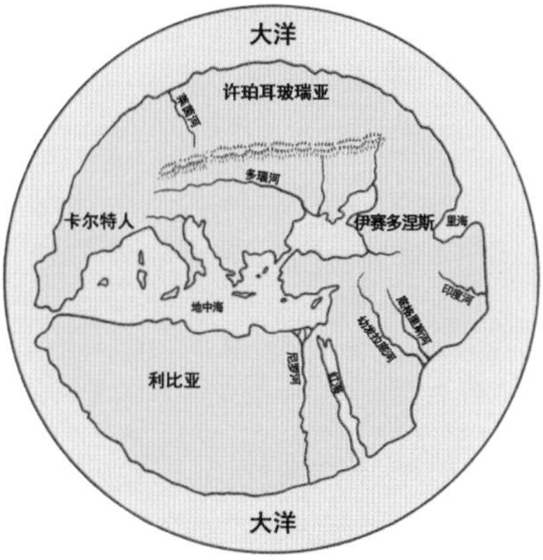


古希腊地理学家米利都的赫卡塔埃乌斯制作于前6世纪末的世界地图

环绕，虽然他们对于很多地理细节的认识还很模糊，甚至有明显的错误。尼科二世决心要试一试这个理论的真实性。他请来一批有着丰富航海经验的腓尼基（Phoenicia）[1]水手驾驶船只从红海出发，始终将非洲陆地置于船只行进方向的右侧。经过三年艰苦航行，他们真的从海上来到了尼罗河口，实现了人类历史上第一次环行非洲，为整整 2000 年后欧洲人环球航行开了先河。然而三年的时间实在是太长了，毫无军事价值，所以尼科二世的计划算是失败了。



## 10-3 从古埃及晚期到托勒密王朝

普萨美提克一世和尼科二世所开创的中兴局面并没有持续太久时间。公元前 568 年，取代了亚述帝国的新巴比伦王国入侵埃及，再次将埃及变为亚洲的傀儡。尽管不久之后埃及又恢复独立，但是命运之神早已不再眷顾这个古老国度。公元前 525 年，150 年内的第三次亡国命运降临，埃及被异军突起横扫西亚的波斯帝国吞并，波斯皇帝成了埃及法老。尽管埃及人先后三次发动起义，但是埃及人自己统治自己的时代已经成为历史，古埃及文明的最后时刻即将到来。

公元前 332 年，马其顿国王亚历山大从波斯人手中夺取埃及，获得法老的尊号，并在尼罗河三角洲建立了以他的名字命名的亚历山大城（Alexandria）。亚历山大去世后，他的部将托勒密（Ptolemy，前 321—前 283 年在位）于公元前 321 年在埃及建立了希腊化的托勒密王朝（Ptolemaic Kingdom，前 321—前 30），首都设在亚历山

[1] 腓尼基是以航海和经商闻名的民族，主要生活在今天的黎巴嫩和叙利亚沿海。

大。这是古埃及王朝史的最后一个阶段。

## 10-4 菲莱的伊西斯神庙

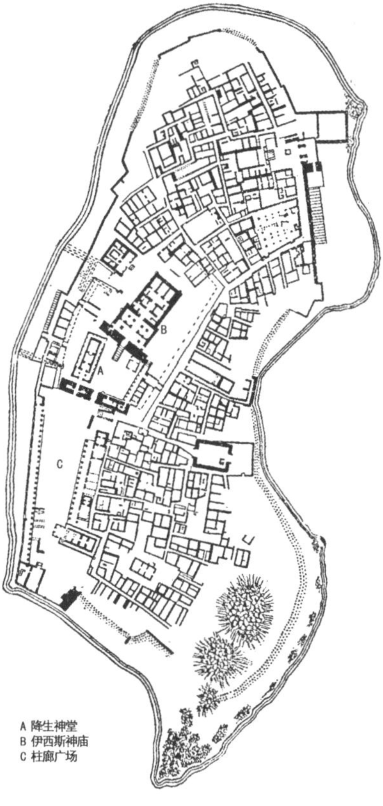


菲莱岛平面图（H. G. Lyons 和 W. E. Garstin 作于 1899 年）

为了使希腊人建立的新政权更能被当地人所接受，托勒密王朝继承了埃及人的古老风俗以及修造神庙的传统。

公元前 250 年在尼罗河上游菲莱岛（Philae）建造的伊西斯神庙（Temple of Isis）是托勒密时期最重要的朝拜圣地之一。这座神庙规模不大，其祭祀的对象是伊西斯神和她的丈夫奥西里斯神。小岛的入口位于神庙的南面，码头上有一个小凉亭，接着是一段两侧有柱廊的广场。神庙的第一道大门有点不同寻常，在它左侧开了一个门，通向里面的“降生神堂”（Birth House）[一]。这个神堂坐落在第一道门和第二道门之间的庭院西侧。

菲莱的伊西斯神庙大门前的柱廊庭院

㊀ 降生神堂是埃及神话传说中神降生和度过孩童时代的地方。

菲莱的伊西斯神庙多柱大殿（作者：D. Roberts）

在第二道门里面是多柱大殿和神堂。大殿里十根柱子的柱头做成好几种不同的植物样式，雕刻十分精美。

1902年第一座阿斯旺水坝建成后，这座神庙就浸泡在尼罗河水中。1960年，新的阿斯旺水坝又开工建设，为了避免神庙被水库彻底吞没，在国际社会的帮助下，这座神庙也像阿布·辛拜勒神庙那样被整体搬迁到邻近一座地势较高的小岛上。

菲莱的伊西斯神庙

河沙掩埋下的荷鲁斯神庙（D. Roberts 作于1838年）

荷鲁斯神庙的神堂

## 10-5 埃德夫的荷鲁斯神庙

公元前237年在埃德夫（Edfu）建造的荷鲁斯神庙（Temple of Horus）因为后来被尼罗河泛滥带来的河沙埋没，直到18世纪才被发现，因而得以逃过后世的人为摧残，成为现今保存最为完好的古埃及神庙。

## 10-6 克利奥帕特拉七世——埃及艳后

公元前30年，以“埃及艳后”闻名于世的托勒密王朝最后一位女法老克利奥帕特拉七世（Cleopatra VII，前51—前30年在位）在与罗马作战失败后自杀身亡，埃及沦为罗马帝国的行省。从此以后，至少有一千年的时间，在这片土地上都没有出现独立政权。已经持续了三千年的古埃及王朝史到此终结。

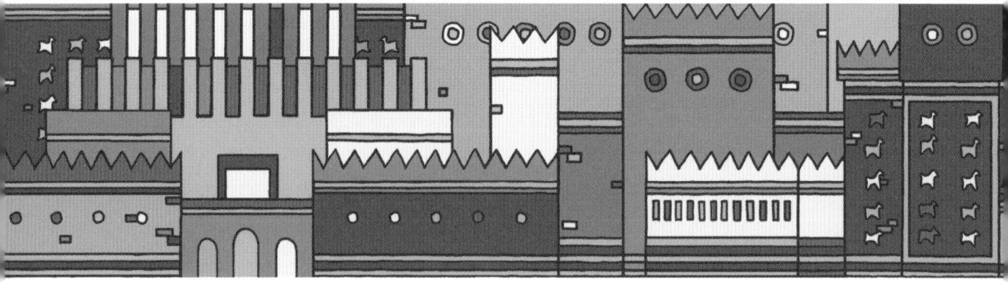

第三部

# 古代希腊

# 第十一章 一位追梦的商人

「那一刻，我与阿伽门农四目相对。」



## 11-1 谢里曼和他的梦

作于2世纪的荷马像

对于生活在19世纪的许多有理性的学者来说，古希腊盲诗人荷马（Homer，约生活在前9世纪或前8世纪）在史诗《伊里亚特》（Iliad）中记载的特洛伊战争（Trojan War）和在《奥德赛》（Odyssey）中描写的希腊英雄获胜返航途中的种种奇遇，可能只是一些迷人的神话故事。在他们的知识里，西方文明的源头是公元前776年，在这一年召开的第一届奥林匹克运动会开启了希腊文明。对于在那之前发生过哪些事情，他们感到难以确认。荷马的故事或许只是众多的原始神话传说之一而已，并没有确实的证据。但是有一个德国人却不这么认为，他的名字叫 H. 谢里曼（H. Schliemann，1822—1890）。

谢里曼

就像其他孩子一样，谢里曼小时候常常听父亲讲述特洛伊战争的故事。他对此十分着迷，梦想着有一天能亲自找到特洛伊，要去拥抱那些战争英雄们。谢里曼的家庭没有能够给他提供做一名学者的必要条件，于是他长大后就去闯荡世界。他先后在荷兰、俄国和美国经商，在此期间自学并熟练掌握了 12 门外语。

1866 年，已经攒下一大笔财富的谢里曼前往巴黎接受考古学教育，为下一步真正去追逐梦想做好准备。两年后，他退出商界，第一次来到梦中已经出现过无数次的爱琴海地区旅行。他在游记中深情地写道："这里的每一座山，每一块石头，每一条溪流，每一片橄榄树丛，都让我想起荷马。于是我发现自己只轻轻一跃便跨过了一百代人，进入灿烂夺目的希腊骑士时代。"[16]

爱琴海

## 11-2 发现特洛伊

谢里曼首先来到了被普遍怀疑是特洛伊战争所在的小亚细亚沿海考察。在这里，他根据史诗中一段关于希腊英雄阿喀琉斯（Achilles）与特洛伊勇士赫克托尔（Hector）交战场面的描述，仔细地推敲地形。在荷马讲述的故事中，赫克托尔杀死了阿喀琉斯的密友帕特洛克罗斯（Patroclus），激怒了阿喀琉斯。当寻仇的阿喀琉斯出现在赫克托尔面前时，赫克托尔一时胆怯，被阿喀琉斯追逐着绕特洛伊城三圈以避战，而后在决斗中被杀。谢里曼在进行了实地体验后，认定一处距离海岸约4公里、此前不怎么被人看好的小山就是特洛伊（Troy）遗址。

阿喀琉斯与赫克托尔之战（希腊瓶画，作于前490年）

谢里曼挖掘前的特洛伊遗址（图片：谢里曼）

谢里曼挖掘后的特洛伊遗址（图片：谢里曼）

在获得土耳其当局的许可后，1870年，谢里曼开始了他的挖掘工作。很快他就发现了城市的遗迹，但是令他感到困惑的是，这个地方在历史上显然有过

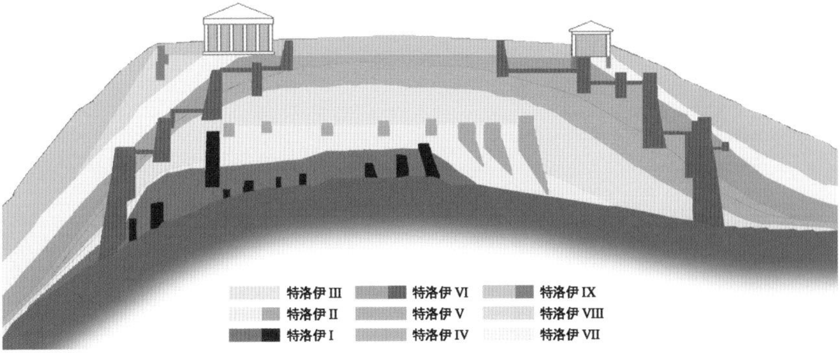

特洛伊遗址剖面示意图

不只一座城。根据后来的更加专业的考古研究，实际上在这座小山上，从最古老的公元前 3000 年起，一直到公元后 500 年的罗马帝国统治时代，先后至少有 9 个不同时代的人将城市建造在这里。他们中的每一座城都是在前一座城的废墟上建造起来的，由此形成了 9 座城池遗迹上下叠加在一起的景象。

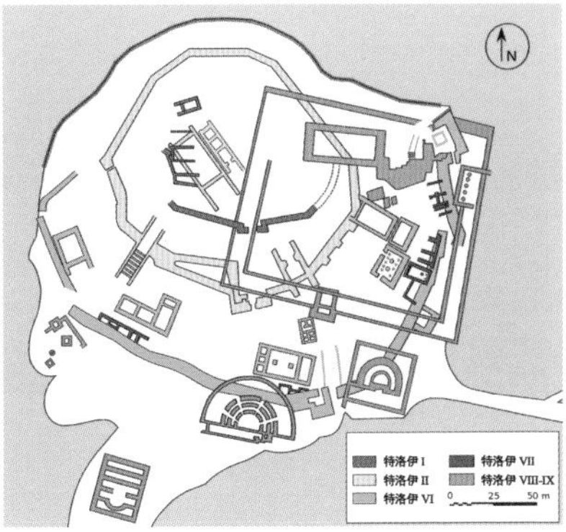

特洛伊遗址分层平面图（图片：Bibi Saint-Pol）



那么究竟哪一座才是他要找的特洛伊战争时期的特洛伊城呢？谢里曼当时并不具备分析辨别考古遗迹年代的能力，他只是凭直觉认为，荷马笔下的特洛伊一定是最古老的那座特洛伊。于是，他不顾一切地向下挖掘。1873 年 5 月，谢里曼终于在地下深处找到了他心中的特洛伊城，

特洛伊遗址挖掘现场（图片：谢里曼）

谢里曼的妻子索菲亚（Sophia Schliemann），她身上的首饰全部来自特洛伊遗址

以及成千上万件仍然闪光的金器。他迅速将这些金器从土耳其偷运到德国，然后宣布他发现了普里阿姆（Priam，特洛伊战争时期的特洛伊国王）的宝物 。

特洛伊遗址鸟瞰，远处可见达达尼尔海峡入口

虽然后来进一步的考古研究表明，谢里曼发现的这些金器并不属于普里阿姆，它们比普里阿姆的时代要早将近一千年，而真正的特洛伊战争时期的特洛伊城应该是 9 座城中比较晚近的 6 号城（Troy VI）或者 7 号城（Troy VII），因没有收获宝藏而被他略过。[一]但无论如何，特洛伊是被谢里曼发现了。

## 11–3 发现迈锡尼

迈锡尼卫城狮子门（作者：E. Dodwell）

既然特洛伊被证明确有其地，那么推理过去，希腊英雄们的家乡也必有其地。于是，

[一] 谢里曼的助手 W. 杜菲尔德（W. Dorpfeld）在谢里曼去世前终于帮助他认识到这个令他多少有些遗憾的事实。实际上，谢里曼早已对此前被他认定的 2 号城有所怀疑，因为这座城的规模实在太小，与史诗中的描述相差甚远。

谢里曼就将下一步考古挖掘的主战场转往希腊。

1874年，在伯罗奔尼撒半岛的迈锡尼（Mycenae）——谢里曼确信这里就是希腊联军统帅阿伽门农的城市，他开始了新的挖掘工作。他把挖掘的重点放在城墙内部，他认为阿伽门农就埋葬在这里，而不像其他学者所认为的可能是在城外的某处。应该说，谢里曼的眼光非常准，运气也非常之好，在千百年来那些嗅觉灵敏的盗墓贼们都没能有所收获的地方，他再一次大获丰收。1876年，谢里曼在城墙里面发现了5座古墓，里面有不计其数的黄金珍宝，其中包括一张著名的金面具。他激动地给希腊国王发去电报："我正与阿伽门农四目相对。"

谢里曼考古队在迈锡尼考古现场

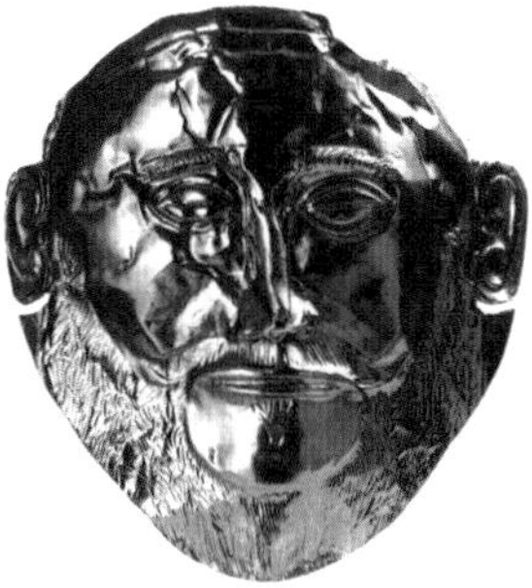

『阿伽门农的金面具』

他又错了。研究表明，这个面具的制作年代比阿伽门农生活的时代要早上好几百年。但谢里曼更是对的，因为他的发现已经充分证明了古典时代以前的希腊文明的存在，历史会记住他的。

位于雅典的谢里曼墓，被设计成希腊神庙的样式，这是对他最好的纪念

## 11-4 发现克里特

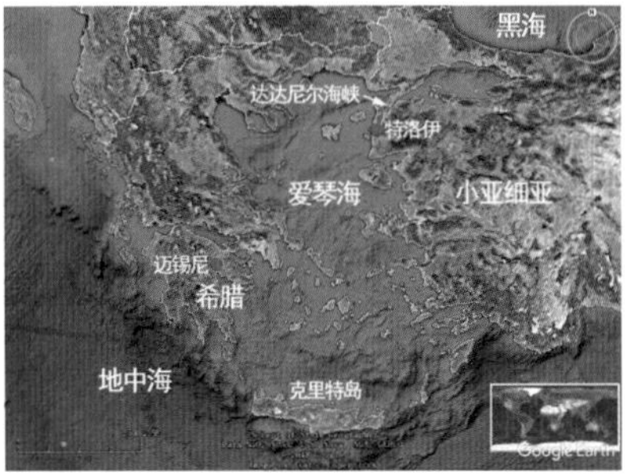


特洛伊、迈锡尼与克里特岛

伊文思

谢里曼曾经计划以挖掘克里特岛作为他的考古生涯的终点站。他的选择事后被证明极为英明，但他最终却与之无缘。他的梦想在他去世 10 年后由一位英国人加以实现。

英国考古学家 A. 伊文思（A. Evans，1851—1941）具有谢里曼不可企及的良好条件，他的父亲是古文物收藏家和英国皇家学会成员，他从小就浸染在古代文物之中，而哈罗公学和牛津大学的学习经历更使得他能拥有更高的视点来面对他今后的工作。从谢里曼的发现中，伊文思注意到有一些符号与克里特岛附近出土的文物很相似。难道在克里特岛上也有遥远而古老的文明吗？带着疑问和希望，1900 年 3 月，伊文思开始了他的挖掘工作。不久之后，欧洲最古老的文明就展现在他的面前，历史长卷中长久不为人知的一页就这样被翻开了。

# 第十二章 米诺斯时代

——通往天堂的阶梯，写的不就是这个地方吗？——



## 12-1 克诺索斯的米诺斯王宫

古希腊文明的第一个阶段是从距离希腊大陆约 150 公里的克里特岛开始的。大约在公元前 2700 年左右，得益于所具有的得天独厚的地理条件㊀，克里特岛上的居民开始形成了繁荣安定的文明景象。同东方那些由于腹地辽阔、农耕发达而形成的专制社会不同，小小的克里特岛文明存在的根基是经商。克里特人无须终日面朝黄土背朝天，那是专制社会和集体主义赖以生存的基础。他们眼

㊀ 美国历史学家斯塔夫里阿诺斯在《全球通史——1500 年以前的世界》中是这样描写克里特岛的：“它的地理位置对商业贸易极为理想。水手从克里特岛可乘风扬帆地北达希腊大陆和黑海，东到地中海东部诸国家和岛屿，南抵埃及，西至地中海中部和西部的岛屿和沿海地区；不管朝哪一方向航行，几乎都可以始终见到陆地。一点不用奇怪，克里特岛成为地中海区域的贸易中心。它的地理位置不仅对商业发展，而且对文化发展也是很理想的。克里特岛人与外界的距离是近的，近到可以受到来自美索不达米亚和埃及的各种影响；然而又是远的，远到可以无忧无虑地保持自己的特点，表现自己的个性。”

界开阔，钱袋高鼓，可以无忧无虑地生活，平等相处，尽情地享受生活的乐趣。

1000 多年过去，当荷马写下史诗《奥德赛》的时候，这座“在那酒蓝色的大海之中，土地肥沃，景色秀丽”的岛屿已经拥有了 90 座城市，“居民多得难以数计”。㊀从今天已经发现的一些城市遗址来看，克里特人并没有给城市建造城墙的传统，或者也可以说是没有这样做的需要。他们的城市也没有宏伟的神庙。宫殿倒是每座城市都有，有几座城市的宫殿规模还很大。但这些宫殿根本不像东方式的宫殿——比如亚述或者波斯的宫殿，宫殿外部没有高大的围墙和戒备森严的大门，而是与城市的其他部分相互连通，街巷四通八达，因此或许将其称为多功能综合的城市中心更为恰当。克诺索斯（Knossos）的米诺斯王宫（Palace of Minos）就是一座这样的宫殿。米诺斯是传说中腓尼基公主欧罗巴（Europe，欧洲就得名于这位公主）的儿子。天上的主神宙斯（Zeus）爱上了欧罗巴[17]，变

克诺索斯的米诺斯王宫复原图（作者：B. Balogh）

㊀ 这段文字引自《奥德赛》（陈中梅译）第 19 卷。而在《伊利亚特》第 2 卷中，克里特岛被描述为拥有 100 座城市。有人认为这两部史诗可能不都是荷马写的。

成一头公牛将她驮到克里特岛，于是生下了米诺斯。米诺斯长大后就成为克里特的国王。不论这段传说是真是假，伊文思就是以米诺斯的名字来命名这座王宫，以及欧洲最古老的文明——米诺斯文明（Minoan Civilization）。

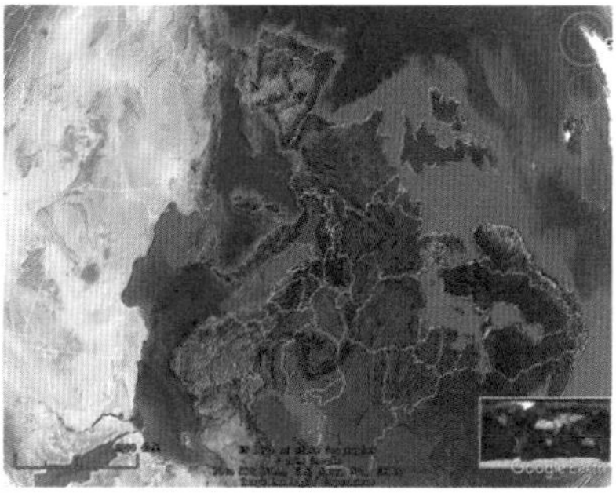

换个方向看的话，欧洲的形状很像一位美丽的少女

这座规模巨大的王宫最初建于公元前 2000 年之前，后来在公元前 1700 年一场可能发生的大地震中被摧毁。㊀ 从这场惨痛损失中恢复过来之后，克里特人又以极大的热情重建了宫殿。

米诺斯王宫遗址鸟瞰

新的王宫依山而建，以一座南北长约 52 米、东西宽约 27 米的长方形广场为中心，像磁铁一样将大大小小功能不同高低错落的建筑物牢牢地吸引在一起。广场西面主要为国务活动区域，东面为寝宫，此外还分布有剧场、仓库和工场等。

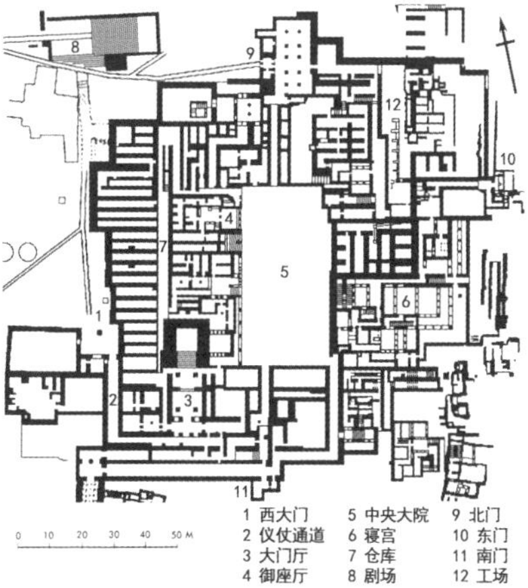


米诺斯王宫平面图

王宫有四个主要入口，其中西入口可能最为重要，入口处还

㊀ 由于这个时间恰好与加喜特人入侵巴比伦以及喜克索斯人入侵埃及的时间相当，也不能排除存在不明外敌入侵的可能。

由伊文思复原后的大门厅局部

设有一座祭坛。进入西入口之后，先向南经过一条狭长的、用壁画装饰起来的所谓“仪仗通道”（Corridor of Processions），再向东而后向北转，就会来到一个大门厅。这个门厅局部已经由伊文思进行修复。柱子原来是木制的，伊文思将它改成水泥柱，不过外形应该是按照当时的样子。这种柱子的样子比较奇特，上大下小，似乎违反常理。它的柱头的处理手法对后来的希腊古典柱式有一定影响。

米诺斯王宫壁画残片，其中的柱子上粗下细，这是伊文思赖以复原的依据之一

除了这座门厅，伊文思还复原了王宫中的其他一些重要房间。这个举动后来引起了很大争议。尽管他的出发点是好的，也具有一定的依据，能够给一般的参观者以较为直观的印象，但这种做法难免有主观武断之处。在技术手段以及对古代的认识都还不能说成熟的时候，这样凭一己之见所做的复原，如有出入，必然会干扰后人的判断。

米诺斯王宫中央广场西望，台阶右侧为御座厅

从这座门厅向北有一个宏大的楼梯直通楼上的国事大厅。而后可以从另一侧的楼梯走下中央

广场。在这个楼梯的边上有一个被伊文思称为“御座厅”（The Throne Room）的房间，其主要的墙壁前有一张石椅。伊文思认为这张石椅也许就是米诺斯国王的宝座，他称之为“欧洲最古老的御座”。在御座背后的墙上，画有两只长着鹰头的狮子左右相护。这样的形象与亚述和埃及的狮身人面像十分相似，是西亚和地中海地区文化交流相互影响的结果。

广场的东侧是国王和王后的起居空间。四层高的建筑内部有许多带柱廊和楼梯的采光天井，千门百户，曲折相通，就像迷宫一样。实际上，这里就是“迷宫”（Labyrinth）这个单词的由来之处。

在希腊传说中，米诺斯因故得罪了海神，于是海神作法让王后帕西淮（Pasiphae）生下一头牛首人身的吃人怪兽米诺陶洛斯（Minotaurus）。王后不忍心杀死它，于是就请建筑师代达罗斯（Daedalus）在王宫里建造了一座迷宫供它居住。当时雅典被米

由伊文思复原的御座厅

御座厅挖掘现场

米诺斯王宫大楼梯间，由伊文思复原

伊文思及其施工队正在进行大楼梯间的复原施工

希腊瓶画上的忒修斯与米诺陶诺斯（约作于前6世纪）

诺斯打败，被迫每隔九年就要进贡七对童男童女来给它吃掉，雅典人民苦不堪言。后来，雅典王子忒修斯（Thesus）在克里特公主阿里阿德涅（Ariadne）的帮助下，借助线团深入迷宫，杀死了这头吃人怪兽。㊀

## 12-2 米诺斯时代的绘画

米诺斯宫殿里到处都可以见到壁画。在受米诺斯文明深度影响的基克拉泽斯群岛（Cyclades）上也可以看到很多这个时代的壁画留存。米诺斯时代的绘画在一定程度上表现出埃及艺术程式的影响，特别是在

米诺斯王宫王后起居室

基克拉泽斯群岛壁画（约作于前1600年）

㊀ 在返回雅典途中，阿里阿德涅被酒神狄俄尼索斯（Dionysus）抢走。沮丧的忒修斯忘记了与父亲埃勾斯（Aegeus）约定好的悬挂白帆代表平安归来，而是仍然挂着去克里特岛时悬挂的代表悲惨祭物的黑帆。在雅典海边翘首盼望儿子平安归来的埃勾斯看到远处驶来的挂着黑帆的船只，以为儿子已死，悲伤之下跳崖自尽。后来这片大海就被称作埃勾斯海，也就是爱琴海（Aegean Sea）。

右图为米诺斯壁画『巴黎女郎』（La Parisienne）
左图为米诺斯壁画『百合王子』（Prince of the Lilies）



人物的表现上。但是与埃及相比，米诺斯画家要自由和灵活得多。在他们的笔下，人物形象富于动感，充满了生活的情趣。

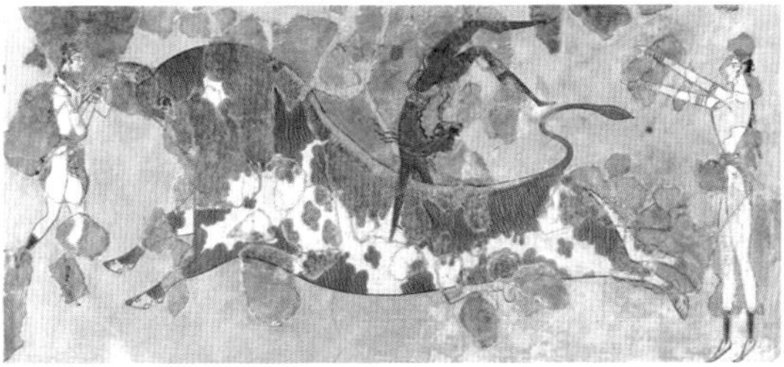

米诺斯壁画『跃牛图』

这个时代制作的陶器图案也充满了自然主义气息，那些植物和动物从形象上看虽然有些稚朴，但个个都显得生机盎然，活力十足。

米诺斯陶器

奥地利艺术史学家 A. 李格尔（A. Riegl，1858—1905）认为，艺术创作具有两个主要目的，一个是“装饰的冲动，它要怡饷眼睛”，获得美的感受；另一个是“表达的欲望，它要用具体的方式来表达最重要的思想和人类的情感”。[18] 对于很多古代民族来说，大多数时候，他们创作绘画或者雕塑并不是出于创造美或者享受美的考虑，而更多是出于政治、宗教或者其他完全不同的目的。比如巴比伦伊什塔门上的狮子和公牛的浮雕就是用来象征威权。我们今天习惯在美术馆或博物馆里抱着欣赏美的目的来观看古代艺术品，有时候难免会对某些陈列品感到失望，这是因为那些展品中的绝大多数原先并不是为了将来要被陈列展览而创作出来的。不过，米诺斯世界可能是个例外。美国历史学家 R. E. 勒纳（R. E. Lerner）在其所著的《西方文明史》中这样评价道：“米诺斯绘画的显著特点是雅致、自然和写实，它不是用来赞颂某一居功自傲的统治阶层的抱负或者灌输某一宗教教义，而是用来表达普通人对米诺斯世界的美的感受。”[19] 可以说，美的概念由此诞生。



## 12-3 锡拉岛火山与米诺斯文明的消亡

许多历史学家认为，米诺斯文明的消亡与位于克里特岛北方基克拉泽斯群岛中的锡拉岛（Thera）火山喷发有直接联系。在那场可能是人类文明史上最大规模之一的火山喷发中，锡拉岛被炸成几块，岛屿中心沉没在 400 米深的海面下，幸存的部分被最厚达到 55 米的火山灰覆盖。在这场惨烈的火山活动影响下，米诺斯文明陷入低谷。

锡拉岛火山口直径超过 10 公里

不过这种说法目前存在很大的争议。从考古学家对米诺斯城市的破坏情况推断，这场火山喷发应该是在公元前 1500—公元前 1450 年之间才比较合理。可是从古气象学、放射性碳定年法等方面的研究来计算，这场火山喷发的时间似乎又应该是在公元前 1600 年之前。㊀这两者之间存在着很大的误差，只能有一个正确答案。如果这场火山的喷发时间是在公元前 1600 年左右的话，那么米诺斯文明的消亡就与它没有什么关系了。即使火山曾经造成过一些影响，但是他们肯定也很快恢复过来，并且在公元前 1500 年前后达到极盛。

由于缺乏足够的史料依据，学者们目前所能做出的相对比较合理的推断就是，大约在公元前 1450—公元前 1400 年之间，克里特岛又遭遇了一场灾难——有人认为是大规模的海盗入侵 。海盗们将没有城墙、毫不设防的米诺斯城市洗劫一空并摧毁殆尽。[20] 米诺斯文明就此消亡。

㊀ 有些学者在研究了这场人类文明史上最严重的火山喷发之后认为，这场火山喷发所带来的全球气候变化甚至可能对中国夏商之间的改朝换代造成影响。根据中国古书记载，夏商交替之际，曾经出现过大规模的自然灾害和气候变化，其特征与火山喷发所造成的全球影响非常相似。如果把这些记载作为证据，那么这场火山喷发的时间很可能是在公元前 1618 年左右。

# 第十三章 迈锡尼时代

“正因为我们在劫难逃，万物显得更加美好。”



## 13-1 迈锡尼卫城

迈锡尼人是在大约公元前 2000 年左右来到希腊南端的伯罗奔尼撒半岛定居的。通过与米诺斯文明的交往，公元前 1600 年左右，迈锡尼文明（Mycenaean Civilization）开始繁盛起来，并在公元前 1400 年最终取代了米诺斯文明。

迈锡尼人生活在大陆上，由于周边还有其他部落虎视眈眈，所以是一个善战的民族。为了应付战争需要，他们往往会在定居点附近选择一个地势较高的地方修建厚实的城墙和防卫工事，称为“卫城”（Acropolis）。首领一般都住在卫城内。一旦遇到外敌入侵，生活在附近的平民们也可以进入卫城躲避和防御。这样形成的城市显然与克里特岛上那些不设防的米诺斯城市大不相同。著名的迈锡尼卫城（Acropolis of Mycenae）就是迈锡尼文明的杰出代表。

这座卫城建造在一个可以俯瞰周围平原的小山头之上，周围用一道差不多有6米厚的巨石垒砌石墙围护。这些石块如此之大，以至于几百年后当迈锡尼文明消亡希腊进入黑暗时代之后，从别处迁移到这里居住的野蛮人都深感敬畏，相信它一定是由传说中的“独眼巨人”（Cyclops）所建造。

迈锡尼卫城遗址鸟瞰

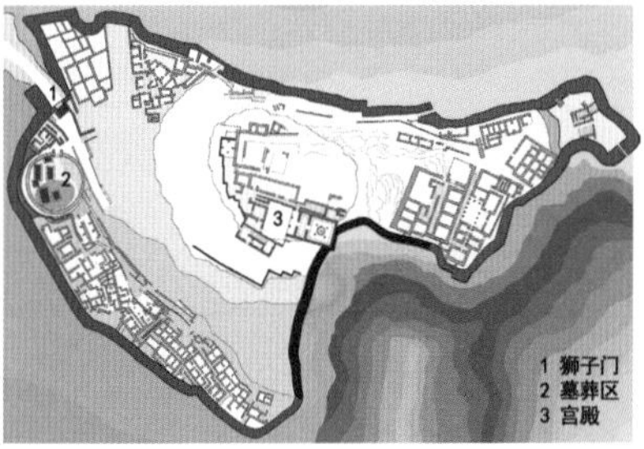


迈锡尼卫城平面图（作者：A. G. Angelopoulos）

卫城的主要入口设在西北角，城门外侧城墙向前突出，形成一个狭长的过道，以便加强防御。城门宽3.2米，上有一长4.9米、厚2.4米、中高1.06米的石梁。这道石梁本身就有20吨重，已经接近它自身的承载极限，难以再承受更大压力。为使城墙不至于在门上留下一个豁口，迈锡尼人使用叠涩拱[⊖]让墙体越过石梁在3米高的上方交汇，既解除了石梁的负重，又保证了城墙的连续性。叠涩拱中间所形成的三角

迈锡尼卫城狮子门

⊖ 这种叠涩拱是拱的一种较为低级的类型，其构件相互间联系较弱，受力性能不如推力拱。迈锡尼人与后来的希腊人都不擅长或重视拱的使用，这或许与他们受埃及影响较大有关。

迈锡尼卫城狮子门局部

形空间用一块厚 0.7 米的石板填充，表面雕刻一对相向而立的狮子，保护中央一根象征宫殿的圆柱。这根圆柱是上粗下细的形状，显然是受米诺斯文明的影响。而两只护卫狮子的设计灵感则来自同一时期小亚细亚大陆上强大的赫梯帝国首都的大门。这座门因此被称为“狮子门”（The Lion Gate）。当年迈锡尼国王阿伽门农想必就是从这里出发，踏上征服特洛伊的胜利之路。

皮洛斯（Pylos）卫城中的『迈加隆』大厅复原图（作者：P. de Jong）

卫城的内部以占据制高点的宫殿为中心，还分布着住宅、仓库和陵墓等建筑。其中宫殿部分的核心是一个大柱厅，希腊人称之为“迈加隆”（Megaron），由四根柱子支撑，中央是一个大火炉[㊀]，地板和墙壁都装饰着色彩华丽的图案和壁画。

迈锡尼卫城复原想象图（作者：J. von Falke）

㊀ 所以荷马形容其为“四壁焦黑的厅堂”。——《伊利亚特》第 2 卷，陈中梅译。

## 13-2 梯林斯

荷马在《伊利亚特》中赞美梯林斯（Tiryns）是一座以坚固城墙闻名天下的城市。这座卫城坐落在与迈锡尼相距不远的滨海平原上，地势只是略微比周围高一些，所以在防御上完全依靠坚固的城墙。卫城的主入口设在东侧,从曲折的坡道刚进入入口,迎面又是一道城墙。右侧道路通向地势稍低的下城区，主要是供平民使用。左侧则要经过更为狭长的通道——两侧是居高临下的防御者，然后再转一个 U 字形大弯，经过一道又一道的大门，最终才会来到宫殿大厅门前。这样一种缜密的防御设计是迈锡尼时代动荡生活的生动写照。

梯林斯卫城遗址鸟瞰

梯林斯卫城城墙遗迹

梯林斯卫城复原图（图片：Pausanias Project）

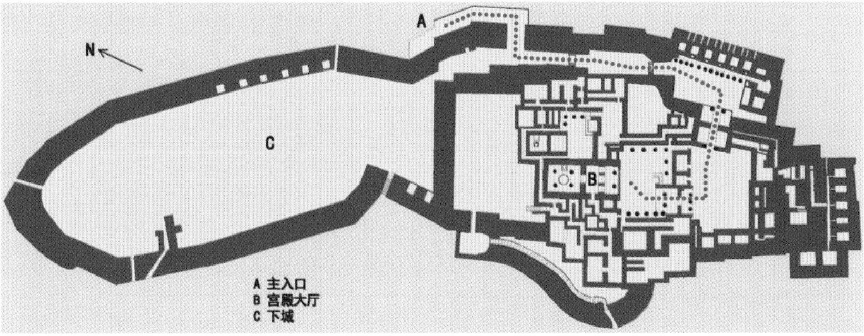


梯林斯卫城平面图（图片：Metron Ariston）

## 13-3 迈锡尼时代的陵墓

迈锡尼卫城内的墓葬圈复原图（作者：Wace）

迈锡尼王族早期的墓葬形式比较简单，墓穴为方形深井，表面竖立石碑，外围环以圆形石墙。目前发现的两座墓葬圈，一座位于卫城外，大约建于公元前 1650—公元前 1550 年，另一座建于公元前 1550 年，原本也是位于卫城外部，后来在公元前 1250 年卫城扩建时，被新建成的西侧城墙包裹在内部，并且在附近建造了狮子门。谢里曼就是在这座墓葬圈内幸运地发现了他所谓的“阿伽门农的金面具”。在这座墓葬圈里一共有 6 座墓穴，其陪葬物品十分丰富，是了解迈锡尼文化的极好佐证。

迈锡尼卫城内的墓葬圈现状（右侧可见狮子门）

公元前 1500 年左右，一种用穹窿支撑、表面覆土的蜂巢式陵墓（Beehive Tomb）被引入迈锡尼王室。其中最有名的一座被后来不知其用途的希腊人称为“阿特柔斯的宝库”（Treasury of Atreus，阿特柔斯是阿伽门农的父

『阿特柔斯的宝库』

亲），大约建于公元前1250年。一条长长的引道通向墓门。墓门宽3米，高约5.4米。门两旁原各有一对上下叠放的柱子，现残迹存于伦敦大英博物馆。门梁上就像狮子门一样开有三角形叠涩拱，拱洞内原填有纹样精美的石板，现也存于大英博物馆。墓室内部是圆形平面，直径14.5米，上用叠涩法砌筑一高13.2米的叠涩穹窿，外部覆以泥土。这种类型的建筑后来在地中海和西亚地区比较流行，不只用作墓葬，也有用于房屋结构的。

这座“阿特柔斯的宝库”在其建成后的一千多年里，一直是世界上最大的穹窿结构建筑物。

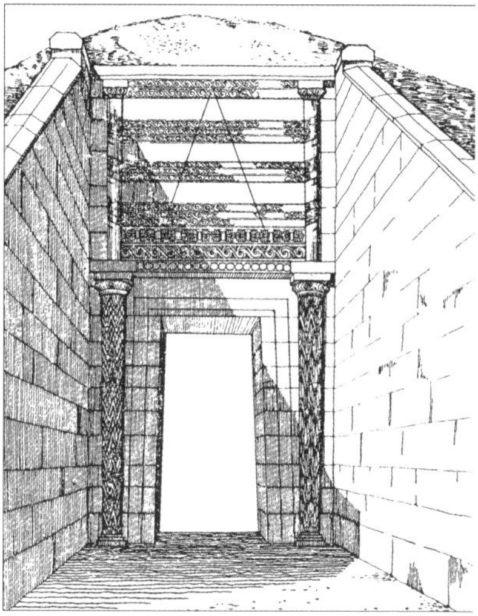

『阿特柔斯的宝库』入口复原图（作者：B. Fletcher）

『阿特柔斯的宝库』内部（作者：E. Dodwell）

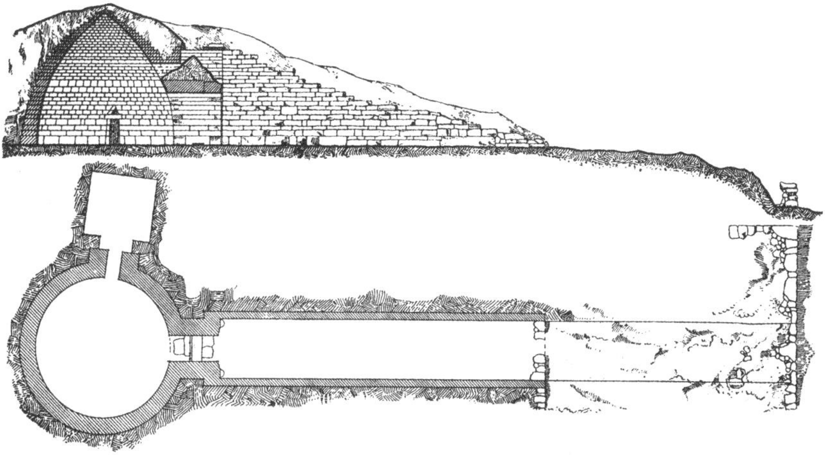

『阿特柔斯的宝库』剖面图与平面图（作者：B. Fletcher）

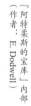

## 13-4 迈锡尼时代的绘画

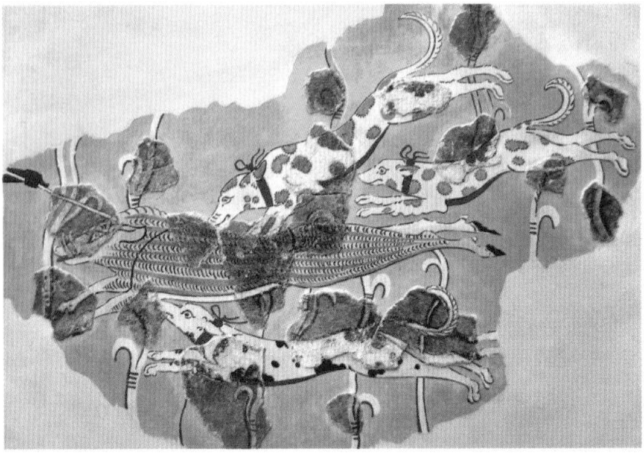

根据梯林斯壁画残片复原

迈锡尼时代很少有比较完整的壁画保留下来，我们现在能看到的主要是作于陶器表面的瓶画。迈锡尼的绘画艺术深受米诺斯影响，不过米诺斯艺术家的那种比较纯朴的自然主义追求到了这个时代逐渐被规整化和抽象化。

右图为迈锡尼陶器
左图为米诺斯陶器

比如说同样是画章鱼，米诺斯时代的章鱼就好像是鲜活乱跳地被塞到罐子里一样，而迈锡尼时代则明显是摆布的标本，在讲究对称和构图趣味的同时，也多少失去了原始的生命力。

像这样一种从具象到抽象的艺术发展

进程在很多地方都可以发现。对于这一点，美国艺术史家 H. W. 詹森（H. W. Janson）认为，原始艺术家从具象造型逐步走向抽象的原因可能并不是对抽象图案的偏爱，而仅仅只是因为需要大量复制。[21] 在没有其他因素刺激需要真实而具象表现的情况下，抽象就成为一种必然的趋势。当然在这个过程中，艺术也会逐渐发展变化直到形成新的风格。

迈锡尼绘画风格陶器（一）

在迈锡尼时代，这种抽象化进一步发展，就形成了所谓的“绘画风格”（Pictorial Style）。像右图的这只章鱼就已经完全异化为由点、线条和剪影色块组成的抽象图案。

迈锡尼绘画风格陶器（二）

## 13–5 特洛伊战争与迈锡尼文明的消亡

公元前 13 世纪，迈锡尼文明发展到巅峰。迈锡尼人四处征战，试图征服整个爱琴海地区。大约公元前 1250 年，他

特洛伊木马（作者：G. D. Tiepolo）

们与小亚细亚的特洛伊人之间爆发战争。在特洛伊城下，两军对峙整整 10 年，最后迈锡尼人使用木马计攻陷并摧毁了特洛伊城。

但多年征战也使迈锡尼人元气大伤。本就在战争中付出惨重伤亡的联军将士们在返程途中遭遇暴风雨而被冲得七零八落，或葬身鱼腹，或流落他乡，而那些有幸回到家乡的也早已精疲力竭，不复往昔荣光。公元前 1200 年左右，原本生活在希腊半岛北部文化较为落后的另一个希腊族群多利安部落（Dorians）大举南下，恰好与这个时代兴起的神秘的“海上民族”入侵者合流，形成一股席卷地中海东部的野蛮民族迁徙浪潮。㊀迈锡尼人的卫城一座接一座地被攻陷，他们或者沦为奴隶，或者被迫逃离。在这片土地上已经持续运行了几百年的行政制度瓦解了，农业人口消散，对外贸易萧条，许多地区完全沦为荒芜之地，就连作为商业联络主要载体的书面文字也因为没有了用武之地而被遗忘。只有像荷马这样的吟游诗人还在追忆着过去的辉煌。“黑暗时代”（The Dark Age）开始笼罩这片土地。

下为已破译的迈锡尼『线形文字B』，上为尚未破译的米诺斯『线形文字A』

㊀ 对于是否存在多利安人入侵这件事，目前还存在很大争议。最早说到这事的正是那些作为多利安人后代的古希腊戏剧作家们。在他们所讲述的一个被称为“赫拉克勒斯后裔回归”（Return of the Heracleidae）的曲折故事中，作为希腊英雄赫拉克勒斯后代的多利安人历经挫折，在特洛伊战争过去 80 年后，终于夺回本该属于他们的伯罗奔尼撒半岛。

# 第十四章 希腊时代

“你们希腊人不过是一群幼儿，言多而自负。”

1047

## 14-1 希腊人

在《伊利亚特》中，荷马曾经提到一个叫作赫勒奈斯人（Hellenes）的多利安人部落。这个部落的名称在多利安人入侵之后逐渐成为生活在希腊半岛及其周边地区的在血缘、信仰、语言和习俗等方面相近相通的各部落的通称，也就是我们现在说的希腊人。

公元前776年，第一届古代奥林匹克运动会在希腊圣地奥林匹亚（Olympia）举行，已经持续了400余年的黑暗时代到此终于宣告结束，希腊文明的崭新阶段开始到来。就像一个经历了伤筋动骨大手术的人一样，输入了新鲜血液的希腊民族经历过一段不适，但随后不仅恢复了体力，并且迸发出空前旺盛的活力，创造了一种与古代世界任何一个民族截然不同的文明。

希腊半岛（地图：Harrys Greece Travel Guide）

与包括美索不达米亚、埃及、印度和中国在内的其他主要文明发源地有很大不同，希腊半岛上没有丰富的自然资源，也没有肥沃的大河流域和广阔平原，而这些都是建立复杂的帝国组织所必需的。在这一地区，只有连绵不绝的山脉和被它分隔成一小块一小块的贫瘠土地。这样的地理特点使得希腊人很难能够在自己有限的土地上实现自给自足，他们的生存在很大程度上必须主要依靠对外贸易。与米诺斯人一样，对外贸易开阔了希腊人的视野，使之能不断从较为先进的其他文明那里汲取养分：埃及的文化和艺术、腓尼基的文字⊖和造船术、巴比伦的度量衡和天文学等，不断保持旺盛的活力和进取精神。与此同时，以人为本、尊重自由个性的思想也在希腊人心中扎下根来，并从此成为西方文明的基石。

⊖ 在“黑暗时代”，米诺斯人所使用的文字 Linear A（线形文字 A）和迈锡尼人使用的文字 Linear B（线形文字 B）都因不再有人使用而被遗忘（线形文字 A 时至今日尚无人能够破解，而线形文字 B 直到 1952 年才被破解）。待到希腊世界安定下来之后，从腓尼基人那里传入的字母系统使希腊人重新掌握了书面文字。这种字母从此成为西方各种文字系统的共同祖先。

随着经济发展，过剩的希腊人口逐渐向包括黑海在内的整个地中海沿岸移民，他们在这些地区建立起大量的殖民城邦。这些殖民城邦虽然大都是由本土的希腊城邦有计划有组织地派出并建立的，但他们一旦立足稳固之后，就是完全独立的政治实体，并不隶属于母邦。殖民地与母邦的关系，就好像是成年子女与父母的关系一样，有共同的情感、共同的信仰和共同的文化，但是在政治和经济上又完全自主自立，对任何凌驾于他人之上的企图时刻保持警惕，并且不遗余力地予以抵抗。因为这样的原因，希腊世界从来没有一个城邦能够建立起君临各邦的统一政权。各个城邦之间既相互刺激、相互竞争，又相互协助、相互支持，在历史发展的每一个领域，在政治、军事、艺术、文化、教育、哲学和自然科学等各个方面，都为后来的西方文明奠定了基础。

希腊城邦和殖民地（前8—前6世纪）

# 14-2 希腊神话

迈锡尼人和米诺斯人一样，对神的信仰并没有摆到一个很高的地位，也没有给神建造神庙的传统。多利安人入主希腊后，这种习俗发生了一些改变，入侵者自带的神与当地土著神相互融合，逐渐成为希腊人生活中的一个重要组成部分。但希腊人对神的认识与其他民族有很大不同。

对于很多处于专制社会的民族——比如埃及人——来说，人活着的目的就是为神建造庙宇和奉献祭品，只有把神伺候满意了，人才能过上安稳的日子。但在崇尚自由个性的希腊人眼中，神并不是神神秘秘、高高在上、不食人间烟火，相反，希腊人认为神也像人一样有七情六欲，也有爱恨情仇。希腊神话中的主神宙斯（Zeus）就是一个最典型的例子。在他的性格中，一方面是残忍坚毅，联合兄弟姐妹打败自己的父亲，毫不留情地将叔叔伯伯和堂兄弟们关进地狱；而另一方面又是多情善感，一次又一次地爱上人间女子，整日苦恼于与善嫉的妻子赫拉（Hera）周旋斗法。希腊诸神的故事与人间的故事没有什么不同，区别只是在于他们比人更有力量、更长寿、更美丽，或许形容他们为“超人”更合适。像荷马这样的黑暗时代

奥林匹斯十二主神（约作于前1世纪）

雅典娜与波塞冬竞争雅典保护神（雅典帕特农神庙西山墙山花浮雕复原模型）

吟游诗人们，更是将米诺斯人、迈锡尼人、特洛伊人和多利安人这些先人的传说与神联系在一起，编织出一个美丽的神人共生的世界。

由于信奉这样的神，希腊人“觉得自己是生活在一个由熟悉的、可以理解的力量所统治的世界里，因此感到无忧无虑、安适自在”，他们“祈祷和献祭的目的，是指望诸神能对他们表示好意”，他们“和诸神的关系实质上是一种平等交换的关系。”[22] 在希腊传说中，宙斯的女儿雅典娜（Athena）曾经与宙斯的兄弟海神波塞冬（Poseidon）竞争雅典的保护神一职，各自向雅典人民许下承诺，最后是由雅典人自己选择了雅典娜作为他们的保护神。很难想象这样的事情会发生在其他民族的神话传说中。

在这样一种与众不同的人神关系氛围中，至迟从公元前 9 世纪起，希腊人开始为他们心目中最美好的神修建神庙。

## 14-3 塞尔蒙

在希腊科林斯湾北岸的塞尔蒙（Thermon），考古学家发现了一处由三个不同时期的建筑遗迹前后叠加在一起形成的古代遗址，其中一个被认为是现存最早的希腊神庙。

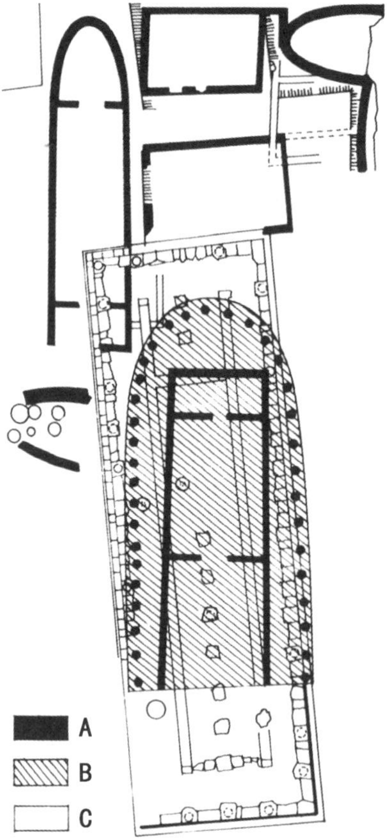


塞尔蒙遗址平面图（A/B/C 分别对应三个不同时代的建筑遗迹）

处于最下层的所谓“迈加隆 A”（Megaron A）应该是早期多利安人首领的住宅。其建筑平面多为前方后圆的特别形态，可能是由原始的帐篷类建筑演变而来的。在原始人开始学习建造住宅的时候，用枝条围成一个圆形平面是一种比较容易实现的方法。但是圆形平面的房间在生活上存在很多不方便的地方（看看我们身边的建筑就知道了，几乎没有圆形平面），所以当多利安人在塞尔蒙这里建造首领住宅的时候，他们就把主要的房间都做成矩形平面，而只是在后部保留一个半圆形平面的房间，大概是用于供奉神灵或者放置贵重物品，以此作为对传统习俗的继承。

塞尔蒙遗址，近景为迈加隆 A 遗迹

但是这种半圆形平面毕竟有许多不便于使用的地方。随着时代演进，到了塞尔蒙遗址的中间一层（Megaron B）所处的时代，大约公元前 8 世纪，住宅各部分房间就已经都采用矩形平面了。这座所谓的“迈加隆 B”被认为是现存最早的希腊神庙。神庙是希腊人专门修建来提供给神灵居住的地方。但因为没有人真的见过神的住宅，所以只能是参照人世间最好的住宅样本——比如部落首领或国王的宫殿——来设计神的住宅，然后或许将规格提得更高一些。这座“迈加隆 B”就是如此。它的前面有一间门厅，中央是神堂，后面的小间可能是用于放置金银或贵重祭祀物品。这些房间的形状全都是做成便于使用的矩形。为了表示对神的敬意，专门又在矩形房间的左右两侧和后方加了一圈柱廊，以保护墙面免受雨水侵蚀。这一圈柱廊的后半部分被做成半圆形，大概还是向祖先传统致敬的意思。

遗址的最上面一层“迈加隆 C”（Megaron C）被确认是公元前 7 世纪建造的一座献给阿波罗（Apollo）的神庙。与“迈加隆 B”相比，它不但所有的房间都是矩形平面，就连外面的柱廊也都做成了矩形。时代变了，确实没有什么理由非要再把柱廊做成不好用的圆形平面了。



## 14-4 希腊神庙柱式

希腊神庙在造型方面的主要特征就是外面的那一圈柱廊。从柱廊所采用的柱子造型——也就是所谓“柱式”——来区分，希腊神庙主要有三种柱式：多立克式（Doric order）、爱奥尼克式（Ionic order）和科林斯式（Corinthian order）。其中多立克式和爱奥尼克式出现较早，而科林斯式可以看成是爱奥尼克式的变体。从柱式（Order）这个单词的选择来看，柱式不仅仅只是反映柱子本身的造型样式，更是用来体现整个神庙的组织结构，体现一座神庙的各部分之间以及各部分与整体之间的比例、节奏和秩序。

# 14-5 多立克柱式

多立克式神庙主要建造在多利安人居住的希腊本土以及意大利南部的大希腊地区。

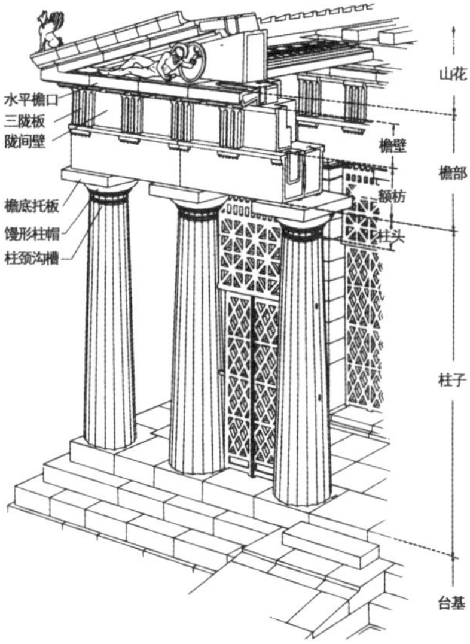


多立克柱式

雅典帕提农神庙多立克柱头

一个典型的多立克柱式由台基、柱子、檐部和山花四个部分组成。

台基一般做成三层台阶，环绕神庙一周。

柱子是直接立在台基之上，比例较为粗壮，其高度（含柱头）一般为底部直径的 4~6 倍。柱子分为柱头和柱身两部分。柱头由馒形柱帽和檐底托板构成。柱身一般是由若干段鼓形石拼接而成，也有用整块石头做成。柱身上刻有 20 道半圆形凹槽，相交成尖挺的棱角。这种凹槽的做法可以溯及埃及，原是模拟支撑原始房屋的枝条束的形状，更可以用来掩饰柱段间的横向缝隙，起到加强柱身伟岸挺拔的视觉效用。

从外观上看，柱身呈下大上小的正常形态（相比之下，米诺斯柱子上大下小的做法十分特殊），直径由下自上逐渐收缩，但边沿并不是处理成直线。古希腊人发现，如果一根柱子采用边沿为直线的圆台形的话，由于视错觉的关系，感觉上柱身的中央部分会向内塌陷，从而破坏柱子的外观感受。因此他们有意将柱身中央部分稍稍向外隆起，形成卷杀（Entasis），一方面可以避免上述缺陷，另一方面也使得这样形成的柱身曲线看上去仿佛是由于支撑屋顶重量而自然形成的挤压，从而使整个结构体系更加生动可信，充满力量感。

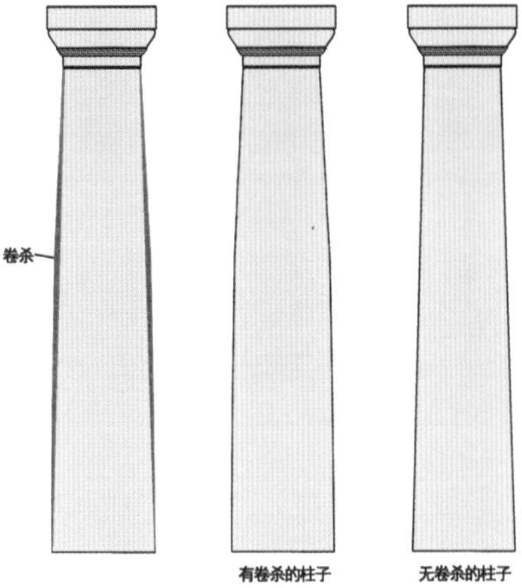

柱身卷杀

多立克柱式的檐部分量较重，其高度大约相当于柱高的1/3~2/5。檐部的主要组成为楣梁额枋、三陇板（Triglyphs）、陇间壁（Metope）和檐口。三陇板分别位于柱子正上方和开间中央，因其表面三道刻槽而得名。它最初的作用是为了保护纵向放置的木梁梁端，后来改成石梁之后就成为纯粹的装饰。陇间壁填

多立克柱式檐部和山花（作者：C. Garnier）

埃比道拉斯的阿斯克勒庇俄斯神庙立面图（作者：A. Defrasse）

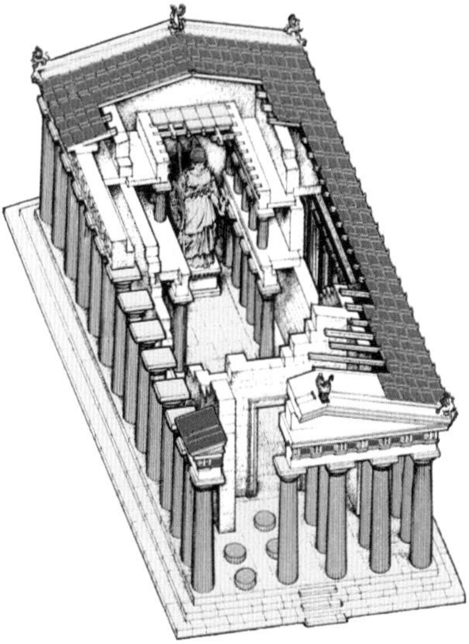

多立克式神庙解剖图（作者：N. Wagner）



放在相邻梁端间的空隙，其上一般作浮雕或图案装饰。为了保证各陇间壁形象统一，柱子间距一般都相等，只在两侧缩小角柱与邻柱的间距。

正面檐口之上为三角楣饰（Pediment，或称山花），三角形的形状反映出为排水而设计的屋顶形式。山花内通常布满了雕像，早期是浮雕，后来则主要是圆雕。

多立克式神庙的平面形式主要为长方形列柱围廊式（Peripteral）。短边为正面，一般朝东，柱子数量多为偶数。侧面柱数不等，早期数量较多，呈现较狭长的外形，以后逐渐趋向于正面柱子数量 2 倍 +1 的模式。也就是说，如果正面是 6 柱的话，侧面就是 13 柱；如果正面是 8 柱的话，侧面就是 17 柱。最早在神庙外设置柱廊是为了保护中央神堂的土质墙体免受雨水侵蚀。后来虽然墙体改为石质材料不再惧怕雨水了，然而柱廊仍得以保留，并以其整齐划一的形式与希腊世界崎岖的山地形成强烈对比，在蓝天碧海的衬托下，成为希腊精神最完美的写照。

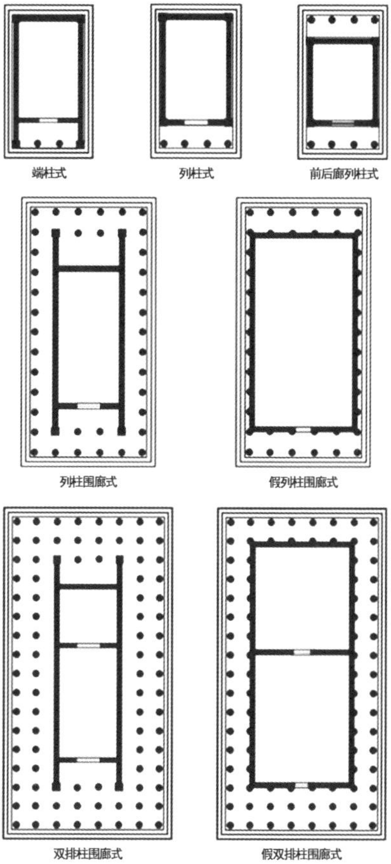

希腊神庙平面类型

除了列柱围廊式的平面布局之外，常见的希腊神庙还有端柱式（Distyle）、列柱式（Prostyle）、前后廊列柱式（Amphiprostyle）、假列柱围廊式（Pseudoperipteral）、双排柱围廊式（Dipteral）、假双排柱围廊式（Pseudodipteral）以及圆形神庙（Tholos）等多种不同的布局形式。而依柱间距离的大小，希腊神庙又可作密柱式（柱间距为柱径的1.5倍以内）、正柱式（柱间距为柱径的2倍）、宽柱式（柱间距为柱径的3倍）和离柱式（柱间距为柱径的4倍）之分。一般常见的多立克式神庙主要为密柱式。

## 14-6 爱奥尼克柱式

雅典卫城厄瑞克忒翁神庙柱头（作者：L. Ginain）

爱奥尼克柱式最早出现在爱琴海东部沿海地区爱奥尼亚人（Ionians）所生活的城邦里。

爱奥尼亚人原本可能是生活在伯罗奔尼撒半岛西北部地区，在多利安人的入侵浪潮中，他们被迫向东迁移，先是来到雅典，而后在大约公元前 1020 年左右开始向爱琴海对岸移民[23]并建立城邦。以后这片地区就被称为爱奥尼亚（Ionia）。

爱奥尼克柱式（作者：J. W. Durm）

爱奥尼亚人与多利安人都属于希腊人，具有同样的神话信仰，因此他们建造的神庙也具有与多利安人相似的结构，但在柱式细节上有所区别。

伊奥里克柱头（前 6 世纪）

与多立克柱式相比，爱奥尼克柱式最具特点的就是它的柱头部分，一对漂亮的涡卷让爱奥尼克式充满了女性的妩媚。有人认为，爱奥尼克柱头与更为古老的伊奥里克柱头（Aeolic Capitals）比较相似，两者间或许有因缘关系。伊奥里克柱头主要发现于爱奥尼亚北方的伊奥利亚（Aeolia）地区，其柱头的造型受到埃及艺术的影响，明显是在模仿棕榈树的形状：涡卷象征即将下垂的老叶，而在两个涡卷之间，又有新叶萌发，体现出生生不息的精神。在这个基础上进行简化变形，或许就是爱奥尼克柱头的来由。

大约是由于更接近文化繁盛的地中海东部地区的缘故，爱奥尼亚人的审美趣味比多利安人更加细腻，在艺术表现上更加喜好女性的娇柔而不是男性的伟岸。与多立克式柱子相比，除了柱头不同之外，爱奥尼克式柱子的柱身较为修长，如同女子的窈窕身材，高度大约为底部直径的9~10倍，而多立克式大约是4~6倍；爱奥尼克式柱身的卷杀不明显，看上去比较秀气，与多立克式的厚重形成对比；爱奥尼克式柱身上雕刻有24道圆凹槽，比多立克式略深，槽与槽之间平坦相连，而不像多立克式锋芒毕露；爱奥尼克式柱身下有线脚丰富的柱础，相比之下，多立克式就像是光着脚站在地上。

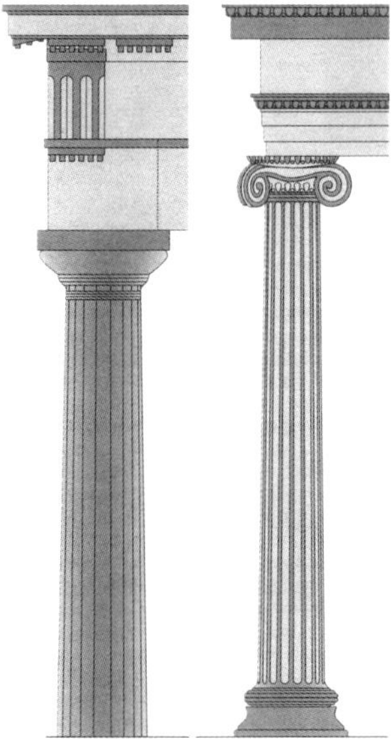
多立克柱式与爱奥尼克柱式（一）

两者间在檐部的区别也很明显。爱奥尼克式的檐部由三级逐级向外微挑的线脚装饰，其上没有三陇板和陇间壁，因此横向浮

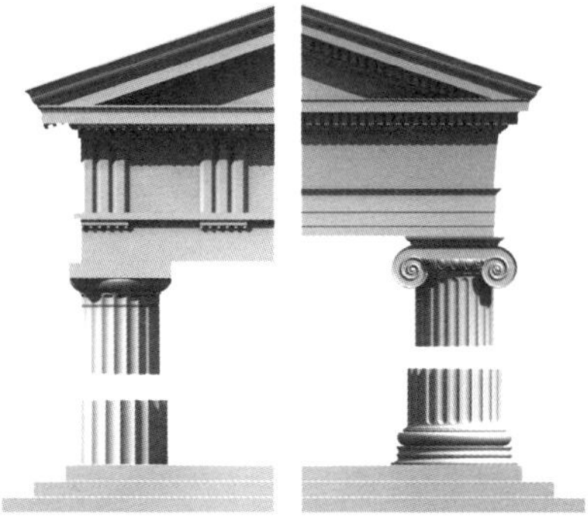
多立克柱式与爱奥尼克柱式（二）

以弗所的阿尔忒弥斯神庙（作者：F. Krischen）

雕装饰可以形成连续主题。檐部的整体高度一般只有柱子高度的1/4，显得较为轻盈。

在平面布局和总体尺寸方面，大约是因为身处东部地区经济较为发达的缘故，许多爱奥尼克风格的神庙都建造得很大，只有少数多立克神庙能够在体量上与之相比。其正面多用 8 柱式，柱子的间距较大，一般为柱径的 2 倍以上。



## 14-7 科林斯柱式

科林斯柱头模型（约作于前 4 世纪）

三种柱式中出现时间最晚的是科林斯柱式，问世于公元前 430 年。柱头的下半部是两排相错的草叶，其上是向上卷曲生长的藤蔓，其中靠近角上的两根藤蔓顶端以涡卷向上延伸，像弹簧一样支撑柱顶石。其柱顶石的四个边也呈曲线向内凹进，十分生动。

根据古罗马建筑家维特鲁威

（Vitruvius，前 80/70—前 15）的说法，科林斯雕塑家卡利马库斯（Callimachus）有一次在郊外散步，正好看到一个祭祀用的篮子被放置在野生的莨菪（Acanthus）草上，由此受到启发，创造了科林斯式柱头。[24]

不过也有学者对此有不同的见解。奥地利艺术史学家 A. 李格尔（A. Riegl，1858—1905）就认为，这种装饰与爱奥尼克柱头一样应该也是起源于古老的棕榈叶装饰，是在一个较长时期的装饰化发展过程中逐渐演变成接近爵床科植物的形态的。[25]

科林斯柱式与爱奥尼克柱式相比，二者间除柱头有所区别外，其余部分均非常相似。科林斯式柱头改进了爱奥尼克式只能从正面欣赏的不足，是真正可以全方位欣赏的“三维立体”的柱头，被公认为是最华美的古典柱式。在后来的岁月中，它将成为最受欢迎的柱式。

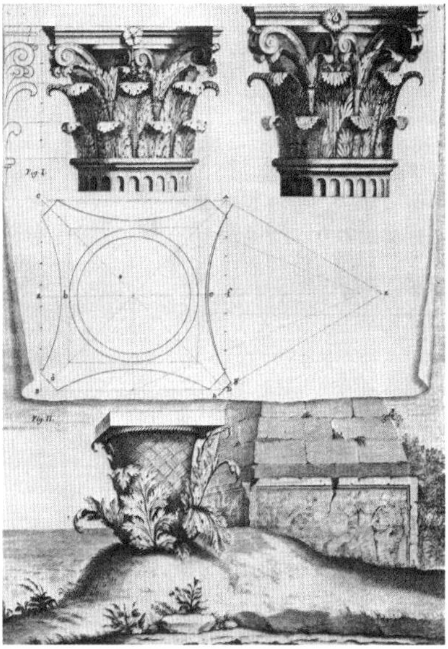

科林斯柱头的诞生（作者：C. Perrault）

科林斯柱式（画于19世纪）

# 第十五章 雅典

「我们的城市是全希腊的学校。」



## 15-1 雅典的时代

公元前 5 世纪，希腊进入了黄金般的古典时代（Classicism）[1]。他们在艺术、文学、哲学以及政治等领域所取得的成就达到令前人无法企及的高度，并在其后漫长的岁月里持久地影响着西方世界的发展进程。雅典（Athens）的崛起是这个时代到来的标志。

雅典的历史可以追溯到迈锡尼时代。根据荷马史诗《伊利亚特》中的记载，雅典人曾积极参加特洛伊战争，所贡献的船只数量在希腊方各参战城邦中排在第六位。后来在多利安人入侵的时代，雅典幸运地逃过入侵的浪潮，收留了包括爱奥尼亚人在内的许多迈锡尼

[1] “古典”一词源于拉丁文 Classicus，意思是“第一流”。人们后来将公元前 5 世纪开始到公元 4 世纪的希腊—罗马时期统称为西方的“古典时代”。

难民。在公元前 11—前 10 世纪的时候，雅典曾经是希腊世界最有影响的势力，率先向海外殖民，建立了爱奥尼亚各殖民城邦。

雅典娜（约作于3世纪，据信是模仿雅典帕提农神庙内的雅典娜雕像）

然而随后几个世纪雅典却渐渐地衰落下来。当希腊本土多利安人的各个城邦——以斯巴达（Sparta）为其代表——迎头赶上的时候，雅典已经沦落为一个不足称道的普通城邦。那时的雅典采取的是部落制的贵族政体，穷人们一贫如洗，甚至沦为农奴，平民与贵族之间的矛盾日益加深，社会动荡不安。

梭伦（头像约作于1世纪）

公元前 594 年，贵族出身的执政官梭伦（Solon，约前 638—前 559）对雅典进行果断的社会改革，采取措施减轻穷人债务，使因负债为奴的平民重获自由。他将国家官员的任职资格与财产挂钩，使得非贵族的有钱平民也能够成为国家领导。他要求一切公民——包括贵族与平民——都要参与到国家政治活动中来，从原则上将国家利益置于民族利益之上。他还大力推动经济发展，鼓励商业和手工业，将雅典从一个以农业为主的城邦引领转向成为商业城邦。

梭伦的改革为雅典未来的发展打下良好的基础，但他并未能够彻底打破贵族的主导势力，贵族与平民之间的冲突矛盾也未能从根本上得到缓和。为了对抗贵族统治，平民

庇西特拉图（画像作于 18 世纪）

们发展起一种被称为“僭主”（Tyrant，或译为“暴君”）㊀的特殊政体。在平民支持下，本身也是贵族出身的庇西特拉图（Peisistratus，约前 546—前 527 年在位）及其儿子希庇亚（Hippias，前 527—前 510 年在位）相继成为雅典的独裁者，在持续打压贵族势力的同时，大力发展经济，保证公民充分就业。在他们的统治下，雅典逐步兴旺繁荣起来。

克里斯提尼（头像作者：A. Christoforidis）

公元前 508 年，执政官克利斯提尼（Cleisthenes）对雅典再次进行改革。他彻底打破传统四大部落体制，将雅典城邦所辖区域分成城区、海滨和内陆三个大区，每个大区又分成十个小区，再通过抽签的方式，从三个大区中各抽出一个小区，这样重新组成十个部落，每个部落包含三个互不相连的小区。然后由每个部落通过抽签的方式各产生五十名代表参加新成立的国家管理机构——五百人大会。所有年满 30 岁且具有一定财产的男性公民都有资格成为代表，但是在其一生中最多只有两次机会成为代表。通过这样的分区和代表产生办法，完全摧毁了传统部落贵族依靠世袭获得特权的基础。此外，由所有年满 20 岁的男性公民参加的公民大会被赋予了实实在在的国家事务决策

㊀ “僭主”与国王一样都是国家的独裁统治者，都不是由人民选举产生，他们之间的主要区别在于是否具有血统和传统上的“合法性”。在当时，僭主往往都是城邦中最有权威的人，所采取的措施往往得到大多数希腊人的拥护，并不像字面显示的那样不堪。

权，而在梭伦时期，这一公民大会只有表决权，而无提案权。除了极个别需要高度技术性的职务之外，所有公职人员都由公民大会选举或者抽签决定，任职一年，且终生不得再次担任同一职务。同时他还设计了“陶片放逐制”（Ostracism），通过公民大会投票，可以将任何对雅典民主制度构成威胁的人物予以放逐。通过实行这些改革措施，使得雅典在公元前 5 世纪到来时已经成为一个具有当时世界上最先进的直接民主制度的崭新的城邦国家，并在随后的希波战争中经受住残酷的考验。

写有被放逐的雅典政治家西蒙（Cimon.）名字的陶片



公元前 499 年，处于波斯帝国统治下的爱奥尼亚人发动起义，得到同族的雅典支援。在平息叛乱之后，愤怒的波斯皇帝大流士一世发动了对希腊的入侵。公元前 492 年的第一次入侵由于遭遇风暴半途而止。两年后，波斯军队卷土重来。公元前 490 年，主要由受惠于民主制度的雅典公民所组成的希腊联军在马拉松（Marathon）一举击败十倍于

马拉松古战场，右方坟堆为雅典阵亡将士墓

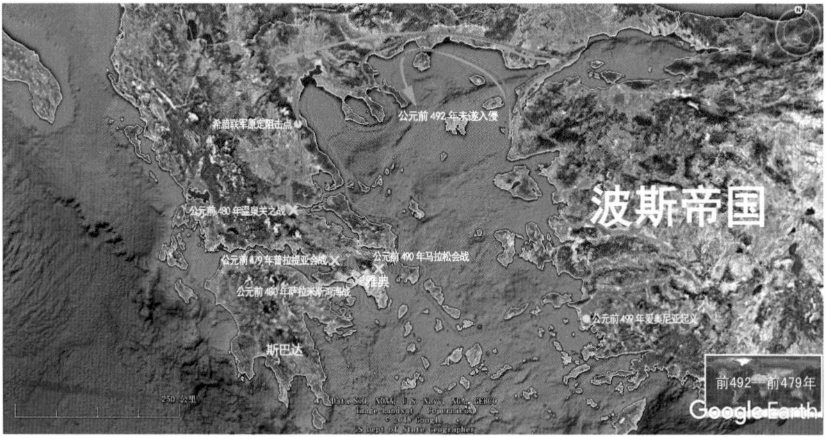


己的波斯侵略军。英国著名军事理论家富勒将军（J. Fuller，1878—1966）将这次胜利视为欧洲诞生的第一声啼哭。[26] 战斗结束之后，一位名叫菲迪皮茨（Pheidippides）的雅典士兵为了及时报告胜利的喜讯并且提醒雅典人民防备波斯从海上偷袭，一口气从马拉松跑到雅典，全程大约 42 公里。为了纪念这一壮举，1896 年恢复举行的现代奥林匹克运动会设立了马拉松长跑项目。

公元前 481 年，波斯皇帝薛西斯一世发动第三次入侵。这一次，纠集了从中亚到埃及几乎所有民族所组成的波斯大军㊀海陆并进。在粉碎了温泉关（Thermopylae）斯巴达勇士的抵抗之后，公元前 480 年，长驱直入的波斯大军占领了雅典。大多数的希腊城邦都在波斯帝国的赫赫天威下瑟瑟发抖，但是雅典人却不肯屈服。在提前疏散了全部居民之后，主要由平民组成的雅典舰队在伯罗奔尼撒同盟军的配合下由地米斯托克利（Themistocles，前 524—前 459）统率，在雅典附近的萨拉米斯岛（Salamis）东部海域进行的海战

㊀ 根据希罗多德不乏夸张的记载，波斯入侵军队由波斯、亚述、迦勒底、印度、腓尼基、埃及、利比亚、吕底亚、色雷斯等数十个民族组成，其中步兵 170 万人，骑兵 8 万人，主力战舰 1200 艘，其他舰船 3000 余艘。——「古希腊」希罗多德：《历史》，第 492—502 页。

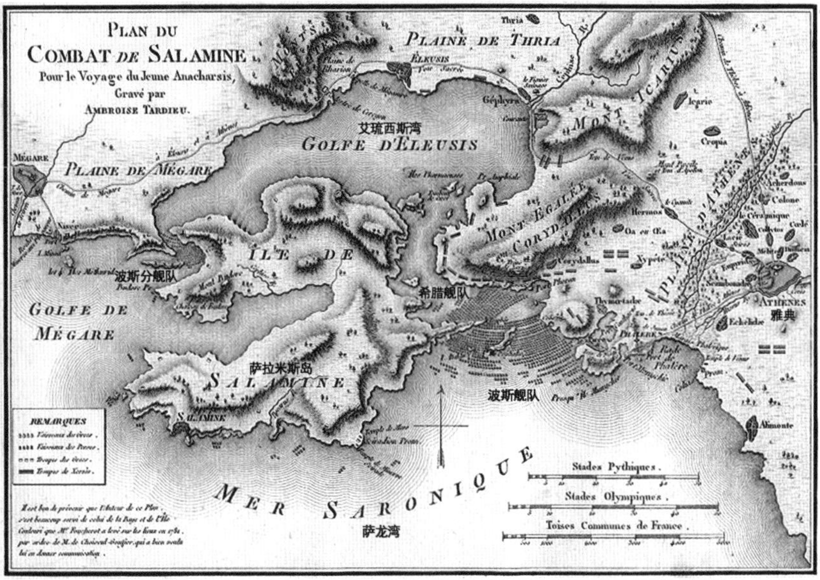


萨拉米斯海战（地图由 J. J. Barthelemy 绘制）

中以少胜多，一举击败强大的波斯海军。一年之后，雅典与斯巴达联军又在普拉提亚（Plataea）战胜了不可一世的波斯陆军。

这两场胜仗改变了希腊的历史命运，实际上也决定了欧洲的历史命运，富勒将军称之为是支撑起整个西方历史的“两根擎天柱”。[27]这个胜利充分表明，一支由充满对自由的渴望和对祖国的热爱的将士所组成的军队完全有能力战胜虽然实力上占优但只是由盲从的士兵所组成的军队。希罗多德是这样评价他们的：“权利的平等，不是在一个例子，而是在许多例子上证明本身是一件绝好的事情。因为当雅典人是在僭主的统治下的时候，雅典人在战争中并不比他们的任何邻人高明。可是一旦他们摆脱了僭主的桎梏，他们就远远地超越了他们的邻人。因而这一点便表明，当他们受着压迫的时候，就好像是为主人做工的人们一样，他们是宁肯做个怯懦鬼的。但是当他们被解放的时候，每一个人就都尽心竭力地为自己做事情了。”[28]

希波战争的胜利使雅典在希腊世界中赢得崇高声望。在普拉提亚会战胜利之后，由于之前的希腊盟邦领袖斯巴达不愿意将战争扩大到爱琴海东岸爱奥尼亚地区，甚至建议将爱奥尼亚人迁移到爱琴海欧洲一侧定居以避开波斯[29]，所以领导希腊盟邦继续与波斯斗争的主导权就转移到雅典身上。雅典人联合爱琴海诸岛以及小亚细亚各希腊城邦建立起了完全由雅典主导的同盟。雅典的时代就此到来。希腊的古典时代也就此到来。



## 15-2 雅典的帕提农神庙

伯里克利（头像是根据前430年的希腊雕像所做的2世纪罗马复制品）

公元前461年，伯里克利（Pericle，前490—前429）成为雅典的实际领导人。㊀在他的带领下，雅典的力量达到顶峰。

在萨拉米斯海战和普拉提亚会战之后，雅典领导的希腊同盟与波斯帝国之间的战争又持续了三十年时间。公元前448年，雅典

㊀ 伯里克利主要是以将军（Strategoi）的名义成为雅典领袖的。克里斯提尼改革之后，雅典的最高公职执政官改由抽签产生，而仅有将军这个职务仍然是由民众选举，并且由于这个职务的专业性质决定了它不是随便什么人都能够胜任的，所以这个职务允许当选者连选连任。于是那些希望在政治上有所追求的人都愿意出面竞争十个部落各一个的将军职务。在雅典先与波斯后来与斯巴达长期处于战争状态并且建立了一个以雅典为核心的军事同盟的背景下，这个职务在雅典政治生活中所起的作用就越发重要。

雅典卫城

与波斯终于缔结和平条约。根据和约规定，距离爱琴海沿岸三天行程之内的希腊殖民地将全部脱离波斯控制而获得自由。爱琴海彻底成为希腊之海。[30]

与波斯帝国的战争终于结束了，但是雅典同盟仍然存在，同盟的成员国仍然要继续向盟主雅典缴纳数额不菲的贡金。这笔巨款原本是用于建造对付波斯的海军舰队的，现在和平已经到来，用不着那么多军舰了，于是伯里克利在雅典公民大会上提议用这笔钱来重建雅典卫城（Acropolis of Athens）上献给雅典守护神雅典娜的神庙。㊀他并没有就此事征求其他盟邦的意见，也不觉得有此必要。这个时候的雅典，实际上已经是一个凌驾于同盟内部各个盟邦之上为所欲为的霸主，实际上已经成为雅典帝国。虽然雅典本身仍然是民主制度，但是民主权利只是属于雅典公民专享的，对于雅典以外的地方，则完全可能是另一回事。

雅典卫城位于雅典市中心一个大约 70 米高的山丘上，用人工

㊀ 当伯里克利提出这个建议后，有些雅典人不大乐意，他们情愿将这笔钱用于享受。于是伯里克利说：“那好，这笔钱就不要你们出了，就都由我付好了。等到在建筑上面刻字的时候，就只刻我的名字。”骄傲的雅典人听他这么一说，就都大声叫嚷起来：“让他尽管从国库取用，用到一个不剩也行。”——「古希腊」普鲁塔克：《希腊罗马名人传》。

修整出一块东西长约 300 米、南北宽约 130 米的平地。早在迈锡尼时代，这里就已经成为城墙环绕的宫殿所在。后来不再有专权的国王了，于是神庙就取代宫殿成为卫城的主角。公元前 529 年，庇西特拉图曾在上面建造了一座献给雅典娜的神庙。公元前 500 年左右，雅典人又准备在旁边建造一座新神庙（后来称之为老帕提农神庙）。但这座神庙刚刚开始建造，希波战争就爆发了。波斯人占领雅典后，摧毁了这两座神庙。战争结束后，雅典人首先集中精力给城市修筑城墙，以避免今后再发生让敌人轻易占领城市的耻辱一幕。他们曾经决定要保留遭波斯破坏的神庙遗迹，以此警示后人。

希波战争前的雅典卫城复原图，左侧为雅典娜神庙，右侧工地为正在修建的老帕提农神庙（作者：P. Connolly）

前 5 世纪末的雅典卫城复原图，右侧为新帕提农神庙（作者：P. Connolly）

公元前 447 年，在雕塑家菲狄亚斯（Phidias，前 480—前 431）的主持下，由建筑家伊克蒂诺斯（Ictinus）和卡利克拉提斯（Callicrates）共同设计的新神庙——人们称之为“帕提农神庙”（Parthenon，意为少女，此处特指雅典娜）——开始在雅典卫城动工兴建。公元前 438 年，神庙的主体部分落成，剩下的局部雕刻于公元前 432 年完成。

这是一座象征了 150 年来希腊神庙建设最高成就的杰出建筑，是希腊本土所建造的最大的神庙。它的外表极为富丽堂皇，几乎全部是采用高贵的白色大理石建成，在山花和陇间壁等处的浮雕上原本都作有鲜艳的色彩。⊖作为希腊胜利的象征，这座神庙虽然采用多立克柱式，但在宽 30.88 米的正面上却采用了具有爱奥尼克特点的 8 柱式，而非希腊本土常用的 6 柱式。它的侧面长 69.50 米，按照侧面柱数为正面柱数的 2 倍 + 1 柱的典型模式，共有 17 柱，柱高均为 10.43 米。

帕提农神庙西侧现状

帕提农神庙解剖图（作者：S. Biesty）



柱廊内的矩形殿身被划分为前后两部分，每一部分的入口前方都有一排 6 根小一号的多立克柱廊。殿身的前半部分为神堂，开口朝向东方，内有双层多立克

⊖ 我们今天很多人都喜欢纯净的白色，或许有些难以理解希腊人在白色大理石表面涂上彩色的做法。这或许与我们今天处于信息爆炸的时代有关，总希望能够找到一个可以暂时逃避的纯净场所。然而在古代社会，鲜艳的色彩更能够代表他们的心情。实际上，不止希腊人，但凡古代民族皆有这样的审美喜好，与我们今天的感受不尽相同。

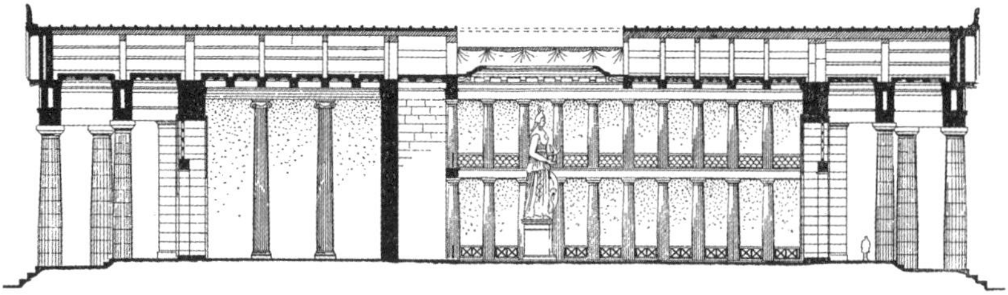

帕提农神庙剖面图（作者：B. Fletcher）

帕提农神庙少女室

式柱廊环绕，中央立着的由菲狄亚斯创作的用黄金和象牙包裹着的高约 12 米的雅典娜神像。后半部分是国库，雅典同盟的金银财物就存放在这里，由一群少女负责管理，叫作少女室——“帕提农”神庙即由此得名。少女室里面用了四根具有少女般优雅气质的爱奥尼克柱。这是希腊本土首次引入爱奥尼克柱式。它的美丽形态打动了本土的希腊人，从此就成为希腊世界的最爱。

帕提农神庙东侧现状

帕提农神庙是公认的世界上最美的建筑物之一。对于这个称号，它是当之无愧的。在古希腊人眼中，任何美的东西都是由度量和秩序所组成的。毕达哥拉斯（Pythagoras，前 570—前 495）就认为“数是万物的本原”。意大利文艺复兴时期的建筑大师帕拉第奥（Palladio，1508—

1580）则说：“（建筑的）美得之于形式，亦得之于统一，即从整体到局部，从局部到局部，再从局部到整体，彼此相呼应，如此，建筑可成为一个完美的整体。在这个整体之中，每个组成部分彼此呼应，并具备了组成你所追求的形式的一切条件。”[31]帕提农神庙就是这样的一座建筑，它的每一项尺寸，从总长、总宽、总高到局部的长、宽、高，从总体的比例到局部的比例，相互之间都有相当严密的度量关系，从而使它成为一件有着高度秩序的完美的作品。



举例来说，如果将帕提农神庙的三陇板的宽度定为 1（实际为 0.858 米）的话，那么柱头的高度也是 1，神庙的总长度是 81，总宽度是 36，总高度是 21，从地面到侧面檐口的高度是 16，柱子的高度是 12，柱子的底部直径是 2，柱廊轴间距是 5，等。这些数据相互之间存在着密切的关系。我们之前介绍了神庙侧面柱数与正面柱数是 2 倍 +1 的关系，这种关系在上述各个部分都可以找到：柱

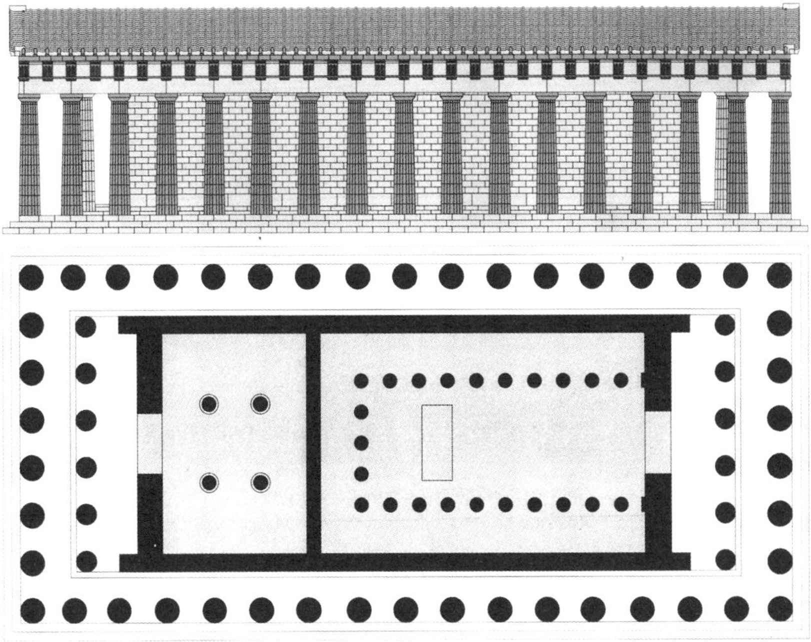

帕提农神庙侧立面图和平面图

子的底部直径与柱廊轴间距之比是 2∶5，神庙的总宽与总长的比是 4∶9，从地面到侧面檐口的高度与神庙的总长的比是 16（$4^2$）∶81（$9^2$），从地面到侧面檐口的高度与神庙的总宽的比也是 4∶9，如此等等。这里面，4∶9 是希腊人非常喜爱的一个比例。除了本身具有的 2 倍 +1 的关系之外，4 是 2 的平方，9 是 3 的平方，而 2 和 3 分别是最小的偶数质数和最小的奇数质数。所以 4∶9 这个比例就是一个非常特别的数学关系。

帕提农神庙的多立克柱子

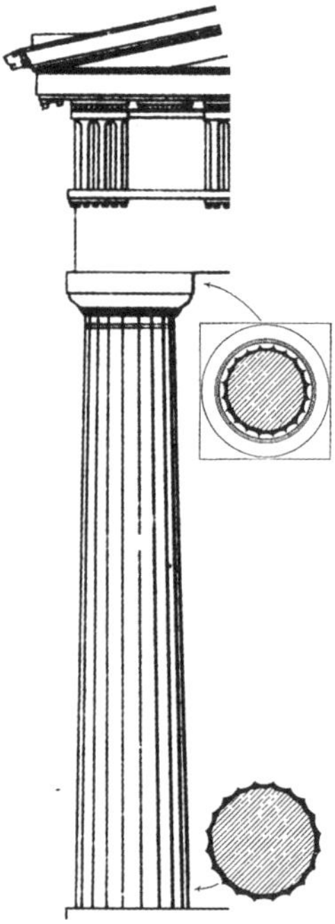

但仅仅只是这些相对死板的数字，还不足以就使帕提农神庙被称为世界上最美的神庙。帕提农神庙所体现出来的无与伦比的美还需要另外一组完全不同的数字才能加以说明。1845 年，英国考古学家潘罗斯（Penrose）对神庙进行了首次准确测量。他发现神庙身上存在着许多精细入微的变化。前面介绍过柱身存在卷杀是多立克柱式的特点之一，但帕提农神庙多立克柱子的卷杀非常细微，柱身边线在柱高的 2/5 处凸出于上下端边沿连线仅有 0.017 米，仅相当于柱高的 1.6‰。如此微细的卷杀肉眼几乎难以辨别，既可避免那些没有卷杀的柱身中央会产生内凹的不良错觉，又不至于因为卷杀过度而带来臃肿之感，使柱子看起来更加庄严挺拔。

在对帕提农神庙的测量中，潘罗斯还发

现了一个奇怪的现象：这座神庙的许多细部做法似乎是有计划地偏离常规：所有的柱子都略向内倾斜；各个立面上的额枋和台基水平线的中央都略为向上隆起，其中宽度方向中央隆起约 0.07 米，相当于宽度的 2‰，长度方向中央隆起约 0.11 米，相当于长度的 1.6‰。这样一种做法是非常奇特的，别的不说，起码它会使得施工变成一件非常复杂的事情，几乎每一根柱子和每一处水平面都要特别调校角度。为什么要这样做呢？这样做的结果，即使从视觉上说不也是很难看的吗？恰恰相反。希腊人之所以不惜代价要作这样细致入微的调整，正是因为他们发现，如果一排柱子都严格垂直向上，额枋都严格做成水平线，那么，当一个人走到神庙面前的时候，由于视错觉的关系，看上去柱列仿佛要向外扩散，而额枋中央也似乎要向下凹陷。正是为了要避免这样的不良感觉，他们才特意做出上述调整，矫枉需要过正。

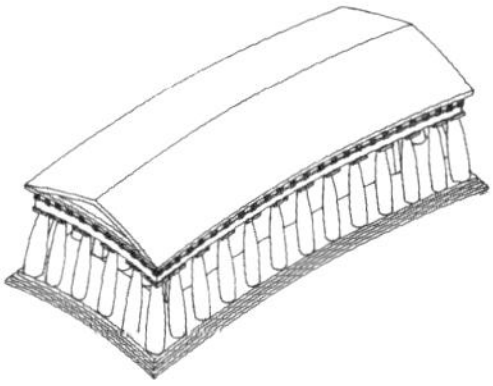

帕提农神庙「反常规」设计示意图

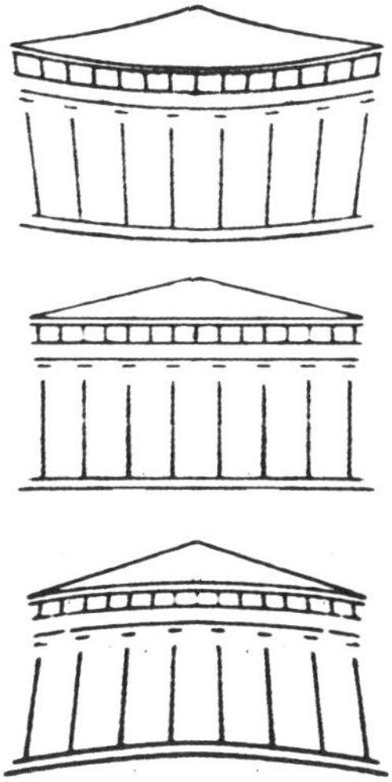

对于普通人来说，一座建筑不论建成图中的哪一种样子，我们看上去都会是中间那样端正的形态

对于今天的人来说，这可能是一件难以理解的事情。实际上，希腊人所做的这些变化极为微细，普通人根本察觉不出来。我们今天所有的建筑，都是严格按照横平竖直的原则施工建造出来的，从来没有人觉得有什么歪斜凹陷之类的错觉，不是吗？但是这种错觉也许确实是存在的，我们察觉不出来，仅仅只是因为我们在这方面的感觉比较迟

钝。就好比一般人难以理解音乐发烧友，他在听唱片的时候，除了要挑选特定的乐队之外，还会要特别选择这个乐队某年某月某日在某一个音乐厅演奏录制的乐曲。在他听来，只有这一张唱片才是完美的，哪怕还是同一个乐队同一个场地，换一天录制，他都会觉得有所缺陷。普通人怎能听出这其中的区别呢？这是一样的道理。这里还有另外一个因素，我们从小都被教育，建筑都应该是端端正正的。这种观念已经成为我们的信仰，深入骨髓。即使一座建筑真的建成略有歪曲或者凹陷的形态，恐怕我们绝大多数人也是看不出来的，因为我们会想：这不应该嘛，怎么会有人这么做呢？



法国历史学家 H. 丹纳（H. Taine，1828—1893）对希腊人有一个极为精彩的评价：“他们是世界上最伟大的艺术家。……——首先是感觉的精细，善于捕捉微妙的关系，分辨细微的差别。——其次是力求明白，懂得节制，喜欢明确而固定的轮廓：这就能使艺术家把意境限制在一个容易为想象力和感官所捕捉的形式之内，使作品能为一切民族一切时代所了解，而且因为人人了解，所以能垂之永久。——最后是对现世生活的爱好与重视，对于人的力量的深刻的体会，力求恬静和愉快。……在他们面前，我们好像一个普通的听众面对着一个天赋独厚、经过特别培养的音乐家；他的演奏有细腻的技术，精纯的音色，丰满的和弦，微妙的用意，完美的表情；但是一个普通的听众天赋平常，训练不够，对那些妙处只能断断续续领略一个大概。……希腊建筑是健全的，不是兴奋过度的幻想的产物，而是清明的理智的产物。……庙堂的各个部分都有一种持久的平衡，眼睛看了比例和谐的线条感到愉快，理智由于那些线条可能永存而感到满足。……它舒展，伸张，挺立，给眼睛的感觉完全是一种天真的、健全的、南国风光的快乐，给人看到刚强的力，完美的体育锻炼，尚武的精神，朴素与高尚的气息，清明恬静的心境，达到如何美满的地步。”[32]

帕提农神庙东立面图（作者：A. Paccard）

包括神殿内部的雅典娜雕像在内，帕提农神庙的雕刻可以说得上是名冠天下，这当然与主持人菲狄亚斯的大名分不开，尽管我们无法确认现存的哪一处雕刻是出于这位号称希腊最杰出的雕塑大师之手。这些雕刻的主题都是雅典娜或者雅典英雄的传说。在东西两个山花上分别雕刻着雅典娜的诞生以及雅典娜与波塞冬竞选雅典保护神的故事。在四个方向总共 92 块陇间壁上，分别雕刻着宙斯、雅典娜、赫拉克勒斯（Heracles）等奥林匹斯诸神与巨人之战（东立面 14 块）、雅典英雄忒休斯与亚马孙女人

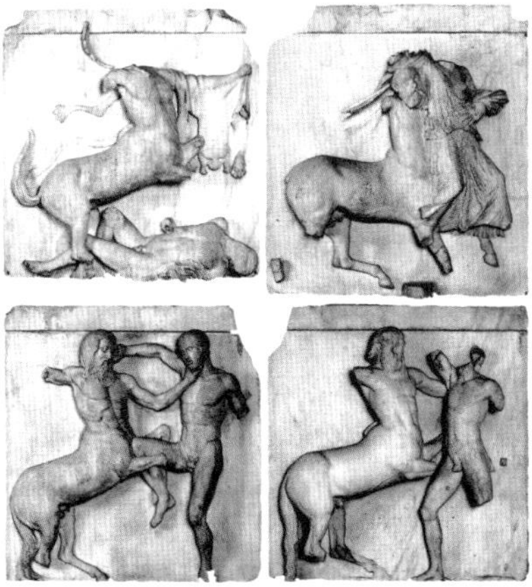

帕提农神庙南立面陇间壁浮雕，表现拉皮斯人与半人马之战

帕提农神庙西侧内殿外墙局部

（Amazones，或译阿玛宗人，生活在黑海沿岸）之战（西立面14块）、忒休斯参加的拉皮斯人（Lapiths）与半人马族（Centaur）之战（南立面32块）以及特洛伊之战（北立面32块）。在中央神殿的外部檐口上还有一整圈100多米长的爱奥尼亚风格连续浮雕，描写雅典最重要的节日泛雅典娜节（Panathenaea）游行队伍的盛况。

## 15-3 雅典卫城

在帕提农神庙建造的同时，雅典卫城上还有好几座重要建筑也相继开工建造，其中包括卫城的入口山门、胜利女神庙、厄瑞克忒翁神庙以及一尊高大的雅典娜铜像。



雅典卫城平面图

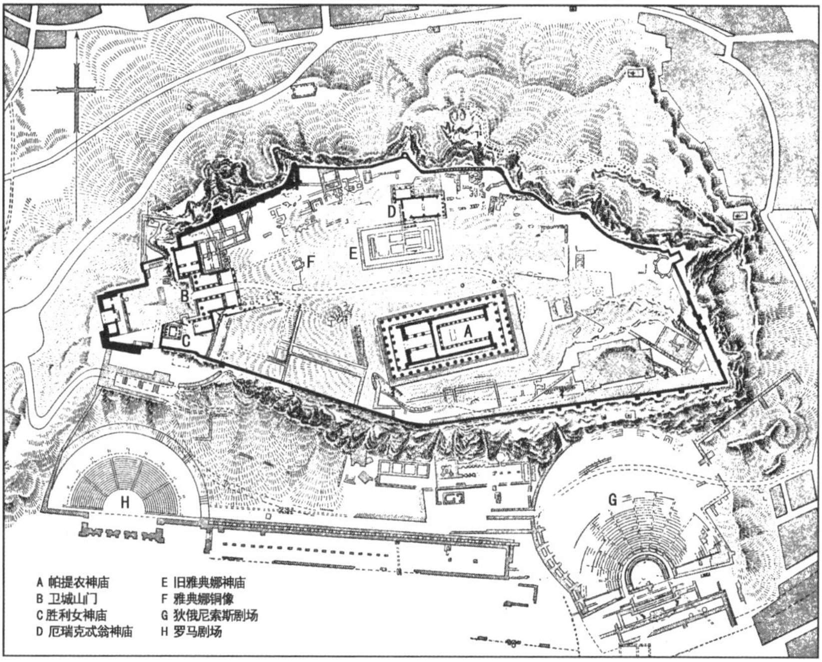

雅典卫城复原图（作者：G. Rehlender）

卫城的入口设在小山的西侧。在穿过具有防御性质的第一道城门后，迎面是一个24米宽的大台阶，顶端是由建筑师穆内西克莱斯（Mnesicles）设计的6柱多立克神庙形式的山门（Propylaea），两侧有向前凸出的柱廊和附属建筑，与山门一起形成怀抱之势。山门内部主要通道两旁的6根柱子采用爱奥尼克风格，这是这种可爱的柱式在希腊本土日渐受到欢迎的表现。

雅典卫城山门现状

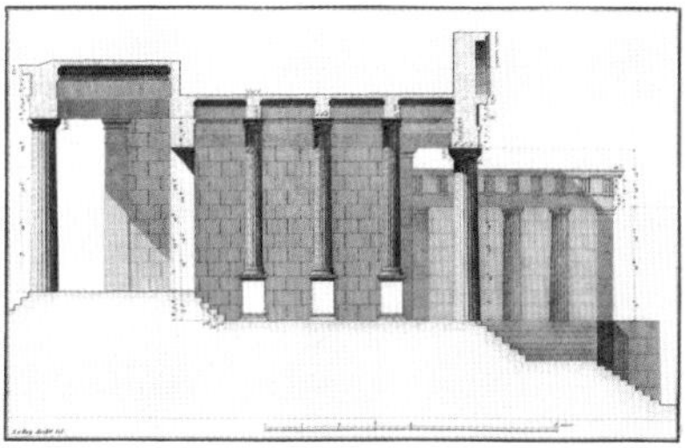

雅典卫城山门剖面图（作者：J. D. Le Roy）

山门后面的雅典娜青铜雕像也是由菲狄亚斯创作的。这座雕像是如此之高，据说当年在60公里之外航行的水手都可以清晰

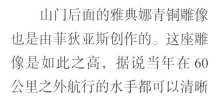

地看见她的镀金头盔在阳光下闪耀的光芒。

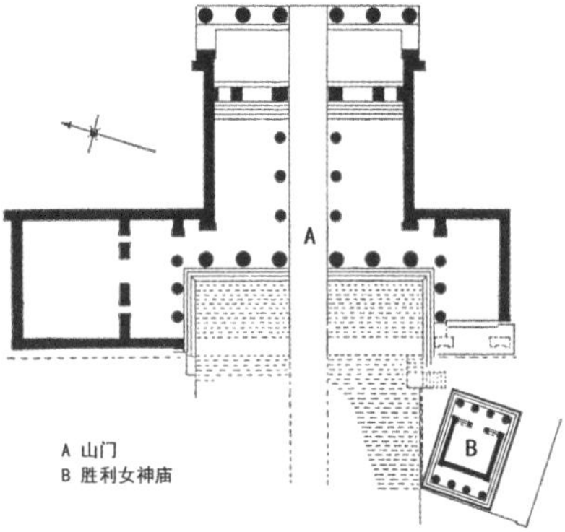

雅典卫城山门和胜利女神庙平面图（作者：B. Fletcher）

山门的南北两翼并不完全对称。公元前 449 年，雅典人在较短的南翼前方一块迈锡尼时代棱堡的旧址上建造了一座胜利女神庙（Temple of Nike）。它的建造使山门南北两翼在构图上获得了恰当的均衡。特别是这座小庙的轴线还略作倾斜，与山门后方偏于轴线北侧的高大的雅典娜青铜雕像形成对比和呼应，充分表现出希腊人杰出的构图能力和灵活的设计思想。

雅典卫城胜利女神庙现状

这座胜利女神庙是一座精巧的爱奥尼克式的小神庙，采用前后廊列柱平面，带状檐壁上雕刻着连续的浮雕，具有与条理分明而外表严肃的多立克神庙大不相同的轻松、纤美和精致的新情趣，预示着多立克式主宰希腊本土神庙的历史即将结束，爱奥尼克时代即将开始。

雅典卫城胜利女神庙复原图（作者：L. Boitte）

公元前 421 年，雅典人在帕提农神庙北面原来的迈锡尼时代宫殿的位置又兴建了一座爱奥尼克式的厄瑞克忒翁神庙（Erechtheion），献给雅典英雄厄瑞克透斯（Erechtheus）。厄瑞克透斯是神话传说中的一位雅典国王，曾经为了保卫雅典，与海神波塞冬战斗而英勇牺牲。

左为厄瑞克忒翁神庙，右前方为雅典娜神庙遗址，右侧边缘为帕提农神庙

这座神庙的南面紧邻旧雅典娜神庙的庙基，北面有传说中海神波塞东与雅典娜争夺雅典的保护权时，为表现自己勇猛无比而用三叉戟击地所成的一个泉眼，而雅典娜在这场竞选中赐予雅典的橄榄树[㊀]则种在神庙的西侧，在这里还有这场竞赛的仲裁者雅典第一位国王凯克洛普斯（Cecrops）的墓室。要在一个设计中顾及如此众多的圣迹原本就十分为难，更何况在这里还有一条 3 米多高的断层恰好从基地中间穿过，使得神庙的设计难上加难。但建筑师穆内西克莱斯最终还是成功地解决了所有难题，用灵活变通的形体和精美考究的细节在古希腊神庙建筑史上写下

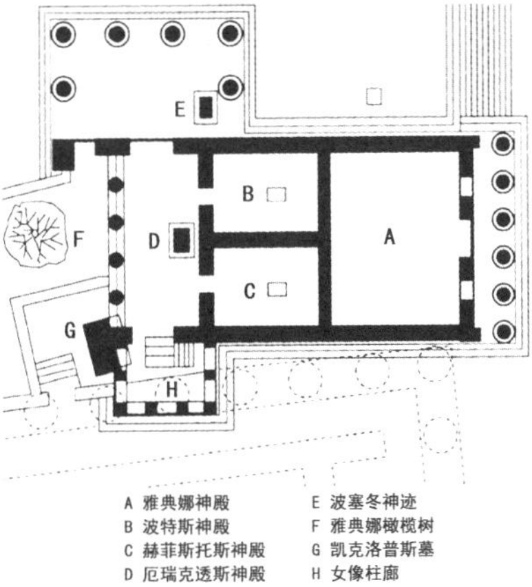


厄瑞克忒翁神庙平面图



---

㊀ 橄榄树是雅典最重要的经济作物。他们不仅把橄榄油作食用、保健、照明和燃料之用，而且还大量用于出口，以换取稀缺的粮食。

流光溢彩的一笔。

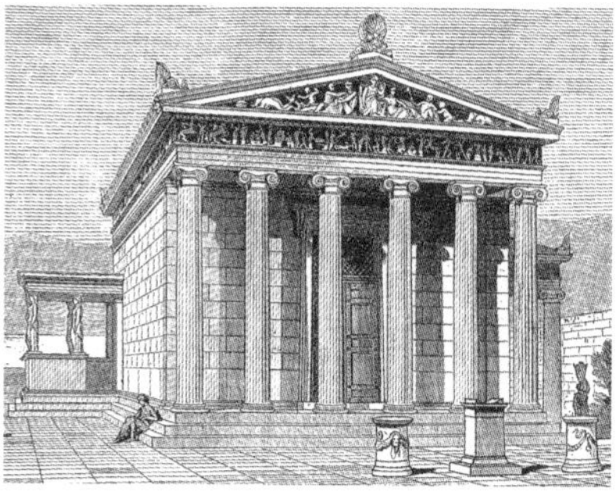
雅典卫城厄瑞克忒翁神庙东门廊复原图（作者：L. Thiersch）

厄瑞克忒翁神庙的东门廊由6根修长的爱奥尼克柱子组成。柱子细长比为1:9.5。柱头上的涡卷美丽动人，其中中央四根柱头上的两个涡卷都是平的，而两根角柱上位于转角的涡卷则斜向外45°伸出，使正、侧面得以合理过渡。柱础的线脚组合也是堪称完美，曲直刚柔对比、疏密繁简变化，在阳光下呈现丰富的明暗效果。所有这些曲线都是自由曲线，而不像后世的罗马柱子那样是由简单圆弧线构成，因此形态更加自然生动。

厄瑞克忒翁神庙东门廊柱头

厄瑞克忒翁神庙东门廊柱础

东门廊内部是雅典娜神殿。其西侧墙面就砌在那道断崖的位置。断崖之下是两间小神殿，一间是献给厄瑞克透斯的孪生兄弟波特斯（Boutes），另一间是献给可以算是厄瑞克透斯父亲的火神赫菲斯托斯（Hephaistus）。由于这两座小神殿的地面比东门廊低了3米多，因而其外侧没有办法直接做成门廊的形式（否则比例就不协调了），因而其外部原

厄瑞克忒翁神庙西北侧复原图（作于19世纪）

本是门廊位置的空间就被闭合，成为一间献给厄瑞克透斯的神殿。于是这一侧的大门就只好转了一个方向开向北面，在外面建了一座 4 柱式的假双排柱门廊，也是采用爱奥尼克柱子。

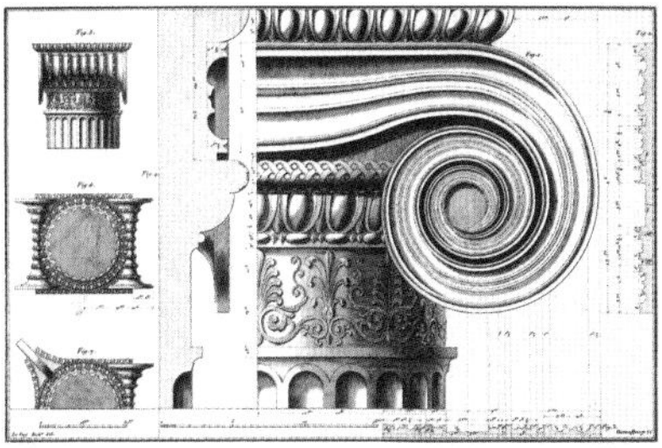

厄瑞克忒翁神庙的爱奥尼克柱头（作者：J. D. Le Roy）

从厄瑞克透斯神殿向南有一段两折的台阶可以通到断崖上方。在这里，穆内西克莱斯设计了一个非同寻常的女像柱门廊（Caryatid），由六个高 2.1 米的女像柱支撑顶盖。据维特鲁威说，这些女像的原型是一个希腊城邦卡里埃（Caryae）的女俘。由于卡里埃人曾经协助波斯入侵希腊，所以雅典人获胜之后便将卡里埃的妇女们掳为奴隶，并将她们的形象化为负重的石柱，以示永久惩戒。[33] 不管这种说法是不是确切，就在这座神庙建造的时候，雅典已经陷入了与曾经的盟邦斯巴达的生死大战之中。或许他们真是想借用这些受辱的卡里埃女子来警告那些胆敢与雅典为敌的希腊城邦。

从西南方向看厄瑞克忒翁神庙

厄瑞克忒翁神庙女像柱廊

厄瑞克忒翁神庙女像柱廊局部

雅典卫城建筑群是在雅典和

希腊全盛时期建设的，它们是那个可歌可泣时代的象征。但是它们后来的命运却是十分悲惨。帕提农神庙在公元 6 世纪信奉基督教的东罗马帝国统治时期被改为教堂，东门廊被封闭，里面建起了圣坛。神庙内的雅典娜神像被运到了君士坦丁堡，而后不知所终。厄瑞克忒翁神庙也被改为教堂，内部分隔各神殿的墙体都被拆除。

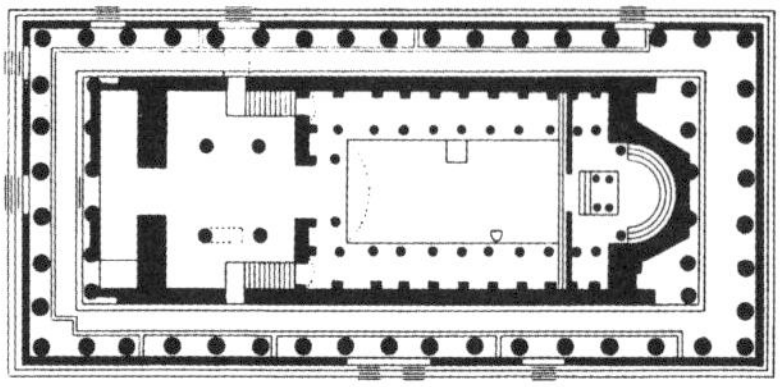

改为教堂的帕提农神庙（作者：A. Michaelis）



1460 年，希腊成为信奉伊斯兰教的奥斯曼土耳其帝国的一部分，帕提农神庙又被改成清真寺，而厄瑞克忒翁神庙则成为总督的后宫。

改为清真寺的帕提农神庙（G. Wheeler 作于 1670 年）

1683 年，土耳其与欧洲基督教国家爆发战争（Great Turkish War，1683—1699）。1687 年，一支威尼斯军队进攻雅典。为加强防御，胜利女神庙被土耳其人拆除，取其石块用以修建工事。与此同时，土耳其人还将帕提农神庙临时用于弹药存放。9 月 26 日，获知消息的威尼斯人从附近山头发射炮弹准确命中帕提农神庙，弹药库爆炸，神庙的中央部分被炸为碎片。

远景可见炸成两半的帕提农神庙（P. William 作于 19 世纪初）

进入 19 世纪，对雅典卫城的破坏仍未停止。日趋衰落的土耳其当局无法阻止欧洲列强对希腊古迹的掠夺。1800 年，埃尔金伯爵 T. 布鲁斯（T. Bruce，7th Earl of Elgin）出任英国驻土耳其大使。出于所谓“推动大不列颠美术发展”的热情，埃尔金野蛮地拆走了帕提农神庙上的 12 块山墙雕像、15 块陇间壁浮雕、56 块内殿额枋浮雕以及厄瑞克提翁神庙东门廊的 1 根爱奥尼克柱子和 1 根女像柱。经过他的这番摧残，帕提农神庙和卫城建筑群面目全非。一位有良知的欧洲人痛心地写道：“我们将永远哀叹一座建筑完美，历经两千载岁月的摧残和人世中的野蛮行径都不能将它奈何的宏伟古迹，竟毁在了基督教欧洲的手里。”[34]

埃尔金的工人正在拆卸雕刻（S. Pomardi 作于 1801 年）

被拆掉一根女像柱的厄瑞克忒翁神庙（S. Pomardi 作于 1805 年）

1821 年，希腊爆发争取独立的解放战争。当土耳其占领军因为被包围而缺乏弹药，试图拆卸神庙石柱以攫取其中用来加固

希腊独立战争（作者：G. Perlberg）

石头的金属连接件时，希腊人给他们送去了一封信，上面写道：“你们不要碰卫城的柱子，我们将给你们送去子弹。”当埃尔金宣称他必须将这些大理石雕刻从那些“没有教养的手和无动于衷的头脑”中拯救出来的时候，希腊人用实际行动予以最有力的反驳。[35]美国诗人E.爱伦·坡（E. A. Poe，1809—1849）有一句名言：“光荣属于希腊。”这就是希腊人捍卫光荣的方式。

雅典卫城现状

1830年，希腊获得独立，雅典成为新希腊的首都，卫城建筑群的厄运终于结束。1835年，德国考古学家着手修复胜利女神庙，紧接着帕提农神庙也开始进行维修。许多散落的石头被找了回来，经过仔细辨别，又被重新安装回去。在必要的地方，则用新的大理石加以补齐。现在最重要的问题是，那些被埃尔金掠走的大理石应该回归原址吗？希腊人民的意见是：“这些石头不能屈驾于太小的天空。”你的意见呢？

## 15–4 雅典广场

雅典卫城是雅典娜女神的圣地，而雅典城的政治和商业活动中心则是位于卫城西北山脚下的雅典广场（Agora of Athens）。从卫城大门下来的泛雅典娜大道（Panathenaic Way）斜穿过广场向西北方向延伸，这是雅典与希腊内地联络的主要陆上通道。在公元前6世纪以前，这里还是一片墓地，当时的雅典人主要生活在卫城周围。自从梭伦的民主改革以后，包括议事厅、法庭、铸币厂、武器库、柱廊（用于商业和博物馆）和神庙等一系列重要的公共建筑相继在这里建成，使之从此成为市民生活的中心和民主政治的心脏。

在希腊人心目中，“关心公共事务和研究哲学两件事是人与野兽的分别”[36]，他们特别乐意在公共场所与人交流辩论。大哲学家苏格拉底（Socrates，约前470—前399）可能就常常在这里与人聊天，他说：“通往雅典的这一条路是不是专门做来给人谈

雅典广场复原图（作者：G. Rehlender）

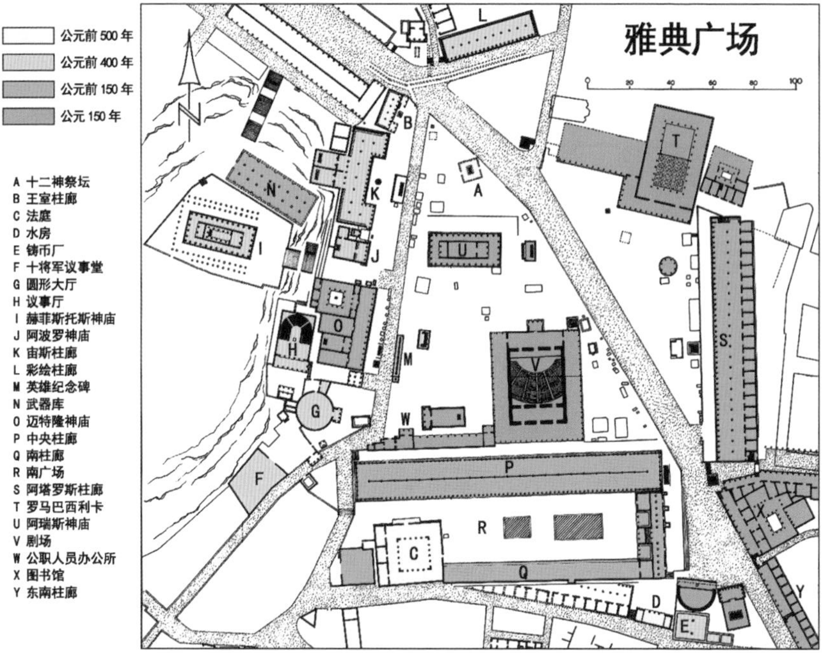


雅典广场平面图（作者：J. Travlos）

赫菲斯托斯神庙建于前 449 年，是保存最完好的希腊神庙之一

阿塔罗斯柱廊建于前 2 世纪，1952 年得到精心修复

天的？”[37]美国城市理论家刘易斯·芒福德（L. Mumford，1895—1990）把“对话”视为城市生活的最高表现形式之一，他说：“若从较高的形态上给城市下一个定义的话，那么最好莫过说城市是一个专门用来进行有意义的谈话的最广泛的场所。”[38]从这个意义上说，希腊城市是历史上最典型的城市。正是在这样的广场上，每个雅典公民都充分地参与到公共生活的方方面面，在精神和思想领域开拓耕耘，创造了杰出的文化和艺术成就。

15-5

## 雅典的狄俄尼索斯剧场

在雅典卫城南面山坡上保存有两座剧场遗址，其中西边的叫作赫罗狄斯·阿提库斯剧场（Odeon of Herodes Atticus），建造于公元2世纪罗马帝国统治时代，而位于东边的狄俄尼索斯剧场（Theatre of Dionysus）则建于公元前5世纪初，是古希腊最有名的剧场。

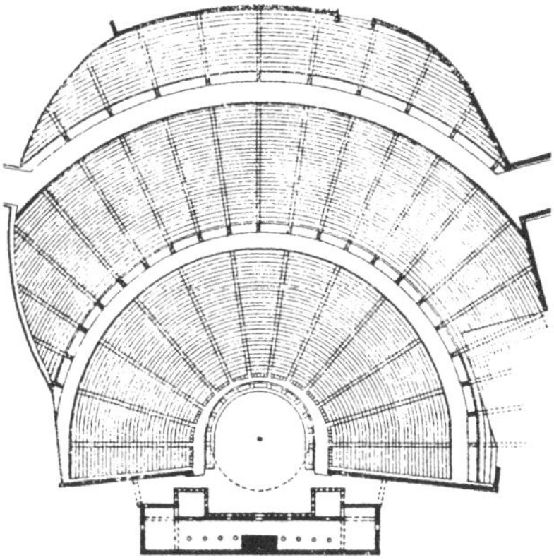

雅典的狄俄尼索斯剧场平面图



古希腊是戏剧的诞生地。希腊戏剧最初是用于向酒神狄俄尼索斯（Dionysus）表示敬意，是一种用以庆祝酒神死而复生㊀的祭祀表演活动，后来逐渐发展出悲剧和喜剧作品，并且产生了如埃斯库罗斯（Aeschylus，前523—前456）、索福克勒斯（Sophocles，前496—前406）、欧里庇得斯（Euripides，前480—前406）和喜剧作家阿里

狄俄尼索斯渡海（埃克塞基亚斯 Exekias 作于前530年）

㊀ 根据希腊神话，狄俄尼索斯是宙斯的私生子，因受赫拉嫉妒而被投入锅中煮死，其心被雅典娜救出，交由女神塞墨勒（Semele）食后重生。这个故事可能与葡萄生长以及葡萄酒的酿造有关。希腊人尊他为葡萄的滋养和保护者，酒神。希腊人对他受苦、死亡和复生的信仰，也为后来具有相似命运的基督教在希腊的传播打下了基础。

斯托芬（Aristophanes，前 446—前 386）、米南德（Menander，前 342—前 291）等众多伟大的戏剧家。

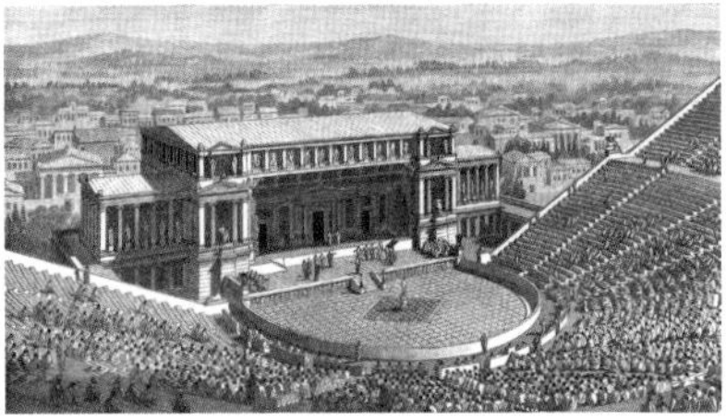

狄俄尼索斯剧场复原图（作者：G. Rehlender）

用于表演的剧场通常建造在三面环山的 U 字形基地上。低地中央是表演用的圆形舞台，舞台上一般还会设置祭坛。舞台背后是一座兼做为布景的建筑，演员可以在里面换装候场。观众席依照山势排列成同心圆状，在座位之间有放射形的过道，隔若干排又有水平的过道相连。

狄俄尼索斯剧场现状（一）

这座狄俄尼索斯剧场在最初建造的时候，座位还是用木头制作的，后来在公元前 4 世纪的时候被改成石材，可以容纳大约 17000 名观众。为了保证这么多的观众都能够清晰地听到舞台上演员的声音，据说在剧场的看台下面会按照一定的间距设计共鸣缸，以放大和调节声音效果。[39]

狄俄尼索斯剧场现状（二）

## 15-6 雅典的李西克拉特奖杯亭

古希腊的戏剧表演一般都是以竞赛的形式进行，凡是优胜者都可以像奥林匹克运动会的冠军那样获得一顶桂冠。㊀有些获得桂冠的人还会得到一座纪念碑以示鼓励。

雅典的李西克拉特奖杯亭

位于狄俄尼索斯剧场附近的李西克拉特奖杯亭（Choragic Monument of Lysicrates）是现存最完好的希腊戏剧优胜者纪念碑，建于公元前335年。这座纪念碑的造型就像一座圆形神庙，有一个非常华丽的屋顶。其柱子采用科林斯柱式。

雅典的李西克拉特奖杯亭复原图局部（作者：J.D. Le Roy）

㊀ 这项传统后来被继承下来。今天包括英国和美国在内，还有十几个国家保留有授予杰出诗人“桂冠诗人”（Poet laureate）称号的传统。

15–7

## 雅典的奥林匹亚宙斯神庙

雅典的奥林匹亚宙斯神庙（一）

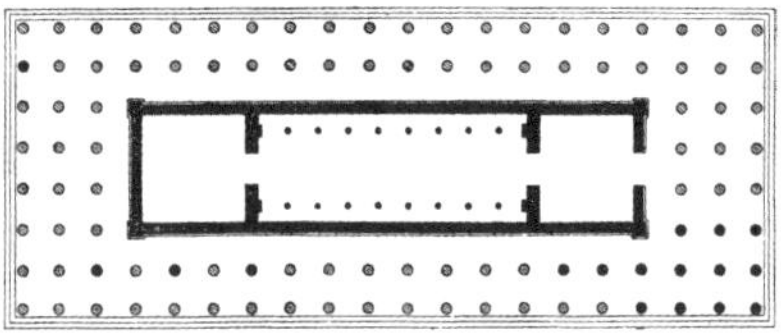

奥林匹亚宙斯神庙平面图（作者：B. Fletcher）

雅典的奥林匹亚宙斯神庙（二）

位于卫城脚下东南方大约400米处的奥林匹亚宙斯神庙（Temple of Olympian Zeus）是希腊本土建造的规模最大的神庙，采用科林斯柱式。这座神庙最早开工于公元前6世纪，原本是按照多立克风格建造，但后来未能完成。公元前174年，工程以科林斯风格重新开展。但直到公元130年，热爱希腊艺术的罗马帝国皇帝哈德良（Hadrian，117—138年在位）到访雅典时，在他的大力支持下，这座神庙才完全竣工，前后建设超过600年。它的平面宽45.6米、长110.2米，采用正面8柱的双排柱围廊式，共有104根直径达1.95米、高17.9米的科林斯式巨柱，其中15根至今依然耸立。

## 15-8 雅典的泛雅典娜体育场

从公元前 8 世纪开始，泛雅典娜节就成为雅典人民向雅典娜保护神表示敬意的活动。他们每年都会举行小型的纪念活动，而每隔四年还会举行一个大型活动，称为大泛雅典娜节（Great Panathenaia）。节庆活动的内容除了到雅典娜神庙（后来改为帕提农神庙）举行祭祀仪式外，还包括诗歌、音乐和戏剧比赛等。从公元前 566 年起，在大泛雅典娜节的时候还会举办运动会，项目包括赛跑、马术、摔跤和拳击等。

帕提农神庙内殿额枋浮雕上参加泛雅典娜节的雅典骑士们

专门为泛雅典娜运动会建造的体育场（Panathenaic Stadium）位于雅典城东的一个峡谷里，起初没有设置座位，观众都是坐在山坡上观看比赛。公元前 4 世纪开始在这里建造起正规的体育场，平面呈马蹄形，全长约 260 米，其中跑道长约 200 米。公元 143 年，雅典人赫罗狄斯・阿提库斯（Herodes Atticus，101—

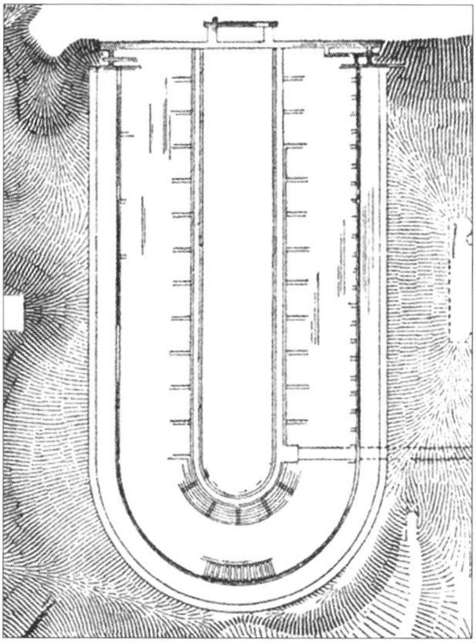

泛雅典娜体育场平面图（作者：E. Curtius）

泛雅典娜体育场复原图（作者：E. Ziller）

177）成为第一位出任罗马执政官的希腊人。为表示庆贺，他在第二年主持重建了泛雅典娜体育场（与此同时，他还在卫城南坡主持修建了一座我们前面提到过的以他的名字命名的剧场），全部使用白色大理石建造，场面蔚为壮观，希腊人称之为“帕那辛纳克”（Kallimarmaro），意思是“漂亮的大理石”。

1896年在泛雅典娜体育场举办的第一届现代奥林匹克运动会

公元4世纪末基督教成为罗马帝国国教，具有宗教意味的泛雅典娜节被禁止，运动场被废弃，从此便埋没在土石废墟之中。19世纪希腊获得独立以后，1836年，这座体育场被重新挖掘出来。经过修整，从1859年开始，希腊人在这个场地上恢复举办运动会。1896年，这座体育场成为第一届现代奥林匹克运动会的举办场地，重现往昔荣光。

泛雅典娜体育场现状

# 15-9 雅典长城与比雷埃夫斯

萨拉米斯海战胜利之后，雅典人就收复了城市。为了防止历史重演，雅典领导人地米斯托克利（Themistocles，前 524—前 459）带领雅典人民为雅典城以及雅典的主要港口比雷埃夫斯（Piraeus）建造起了坚固的城墙。㊀这个建城行动一度遭到当时的希腊盟主斯巴达的阻挠，但雅典人民在地米斯托克利的鼓舞下还是坚决地完成了筑城任务，这样就使得雅典得以摆脱陆上强国斯巴达的干扰，为今后独立行使海外霸权打下坚实基础。但这一举动也成为两大城邦反目成仇的开始。



公元前 457 年，在伯里克利的领导下，雅典人又在雅典城与比雷埃夫斯港以及另外一座港口法列隆（Phaleron）之间修建了两道城

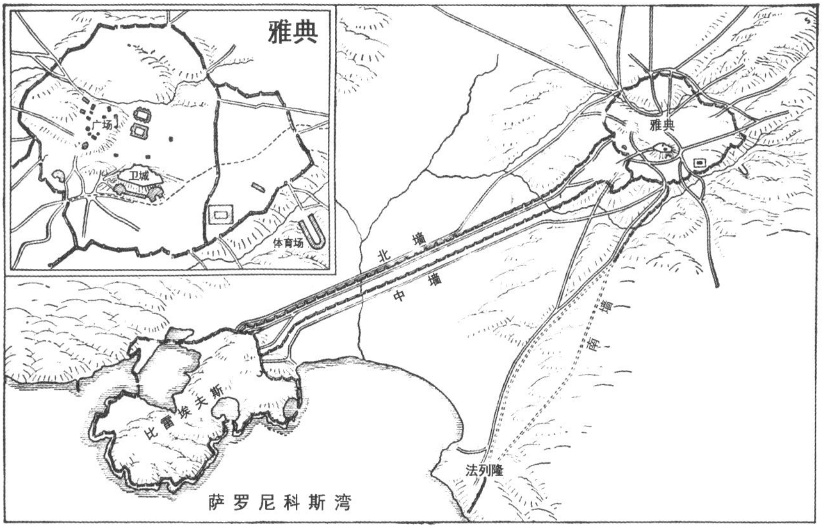


古典时代的雅典与比雷埃夫斯地图

㊀ 在地米斯托克利看来，比雷埃夫斯港的战略地位甚至超过雅典城。他告诫雅典人民，他们的未来一定是属于大海的。——「古希腊」修昔底德:《伯罗奔尼撒战争史》，第 75 页。

墙（不久后又紧挨着北墙修建了一道中墙），从而将雅典与它的港口紧密连为一体，成为后来与斯巴达将近三十年战争的牢固后方。

在这个后世被称作“长城”（Long Walls）的城墙修建完不多久，雅典人请来米利都人希波丹姆斯（Hippodamus of Miletus，前 498—前 408）为比雷埃夫斯港进行重新规划建设。希波丹姆斯对城市的社会体制、宗教和城市公共生活的职能进行深入分析，吸收了埃及和美索不达米亚等东方地区城市建设的经验，探索出一条以棋盘式路网为城市骨架、以城市广场为核心、依照功能进行分区的新型城市规划设计模式，标志着希腊城市建设从散漫的自由布局转向严整的规划设计。后世称希波丹姆斯为“欧洲城市规划之父”。⊖

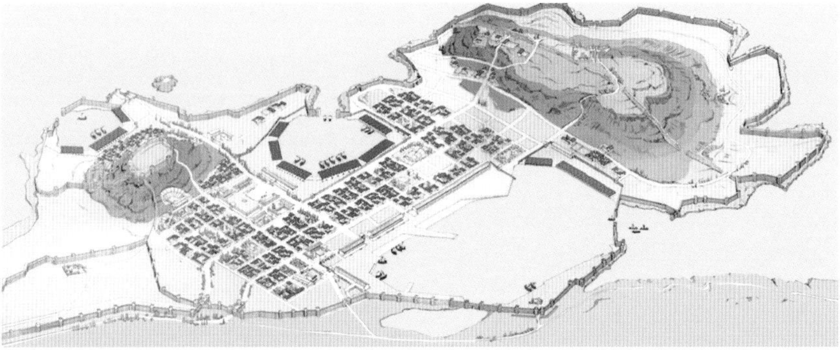

希波丹姆斯规划的比雷埃夫斯（图片：Papachatzis）



⊖ 最早采用严整的网格化城市设计的可能是印度人。早在公元前 2500 年，古印度人就在哈拉帕（Harappa）和谟亨约·达罗（Mohenjo-daro）运用了这种城市建设方式。

# 第十六章 希腊本土地区

“人啊，你要了解你自己。”



16-1

## 斯巴达

温泉关之战（作者：L. S. Glanzman）

在希腊中东部沿海的温泉关古战场，那座埋葬着牺牲在这里的300斯巴达勇士的坟堆上，曾经竖立着一块墓碑，上面这样写道：“过客啊，去告诉拉凯戴孟人，我们是遵从着他们的命令长眠在这里的。”[40]

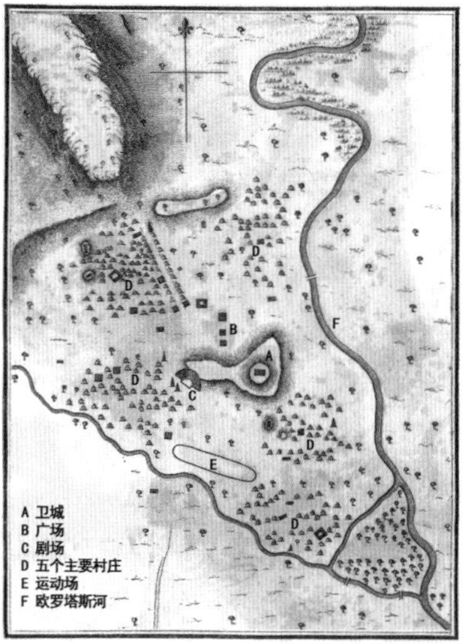


古斯巴达城（作者：B. du Bocage）

希罗多德笔下的拉凯戴孟人（Lacedaemonians）就是斯巴达人。在多利安人侵入伯罗奔尼撒半岛之后，他们中的一支来到半岛东南端拉科尼亚（Laconia，或称Lacedaemonia）的欧罗塔斯河谷（Eurotas）定居。这片土地在特洛伊战争时代属于迈锡尼人的古斯巴达王国，其首领墨涅拉俄斯（Menelaus）是阿伽门农的弟弟，是引发这场大战的海伦（Helen）的丈夫。这片土地被多利安人征服之后，“斯巴达”这个名称被保留下来，并且由新来者将其发扬光大，成为希腊世界最桀骜不驯和最令人生畏的城邦。

1629年由英国政治哲学家霍布斯（T. Hobbes）翻译成英语出版的《伯罗奔尼撒战争史》封面

在修昔底德（Thucydides，前460—前400）撰写《伯罗奔尼撒战争史》的时候，斯巴达正处在历史的巅峰。在这场战争中，坚韧不拔的斯巴达人最终战胜了飞扬跋扈的雅典人。在他的书中，修昔底德写下了这样的一段话：“假如斯巴达城将来变为荒废了，只有神庙和建筑的地基保留下来了的话，过了一些时候之后，我想后代的人很难相信这个地方曾经有过像它的名声那么大的势力。”[41] 他说的一点不错。今天在这片土地上，除了一座剧场的遗址以及几座神庙的基地还可以辨认外，就再没有任何其他值得一提的遗物留存了。实际上，即使是在修昔底德写下这段话的时候，所谓的斯巴达城也不过是在两条河流之间的五个村庄的集合。在五个村庄之间的中心地带，是迈锡尼时代建造的卫城，这个时候已经改成了宗教圣地。卫城北面山脚下是城市广场，城市的主要公共建筑都分布在这里。卫城的西面山坡下有一座剧场。南面稍远一些的地方是一座运动场。

斯巴达人从未建造过城墙，他的强大完全是依靠把全体成年男子都变成保卫国家的军事机器来实现的。由于将所有的生产劳作都交给被征服的原住民奴隶去完成，斯巴达男子从小就接受严苛的军事训练，过集体生活，没有私有财产，没有个人享乐，健康、勇敢、纪律和忠诚就是他们的一切。除了在征服的早期，他们发动战争强行兼并了邻邦美塞

斯巴达古城复原图（作者：J. P. Mahaffy）

斯巴达广场复原图（作者：J. von Falke）

斯巴达运动场复原图（作者：J. von Falke）

斯巴达剧场遗址

斯巴达人筛选合格婴儿
（作者：J. P. Saint-Ours）

尼亚（Messenia）之外，他们总是安于自己的边境，甚少向海外殖民，也不主动对外攻击，不知道什么叫作先发制人，总是静静地站在自己的国境之内注视敌人一天天变得强大，然后在敌人最强大的时候，“冒着一切危险”[42]去和敌人决死一战并战而胜之。

可以说，斯巴达与雅典就是希腊世界的两个极端，在几乎所有方面都是相反的——雅典人热爱财富、追求享乐、热衷扩张、四处干涉㊀，而唯有在一个方面，斯巴达与雅典有着完全相同的意志，甚至斯巴达可能还略胜一筹，那就是绝不屈服于任何外力。在波斯帝国最强大的时候，只有斯巴达和雅典敢于拒绝波斯使者的无理要求。而在亚历山大进行史诗般远征的时代，也只有斯巴达倔强地独立于帝国统治之外，即使在这个时候，它已经非常虚弱了。

有人说，因为从来没有产生过哲学家、思想家和艺术家，斯巴达人于希腊文化无所贡献。但我以为，这种独立、倔强、不畏强权的品格就是斯巴达人对希腊文化和希腊精神最大的贡献。

㊀　修昔底德《伯罗奔尼撒战争史》中，科林斯人对斯巴达参战的劝说演讲，以及伯里克利的葬礼演说，是了解这两个希腊城邦不同性格的最佳途径。

# 16-2 奥林匹亚

位于伯罗奔尼撒半岛西端的奥林匹亚是希腊最著名的圣地（Sanctuary）之一。关于这座圣地的由来有好多种说法，其中之一是与希腊英雄珀罗普斯（Pelops）有关。珀罗普斯是传说中吕底亚国王的儿子，因为父亲惹怒众神受到连累，辗转逃到希腊伯罗奔尼撒半岛西部的伊利斯（Elis，奥林匹亚就位于伊利斯境内），而后在一场赛车比赛中战胜伊利斯国王，赢得伊利斯公主为妻，并成为伊利斯新国王。伯罗奔尼撒半岛（Peloponnese，意思是珀罗普斯之岛）就是以他的名字命名。为表达对宙斯的敬意，珀罗普斯创办了奥林匹克运动会。

不管传说怎样，从公元前776年起，为了向天帝宙斯表示敬意，每隔4年，所有在种族和文化上自认为是希腊人的城邦都会聚集在这里，参加为期五天的奥林匹克运动会（相比之下，泛雅典娜运动会主要是雅典及其同盟城邦参加）。运动项目最初只有长度约192米



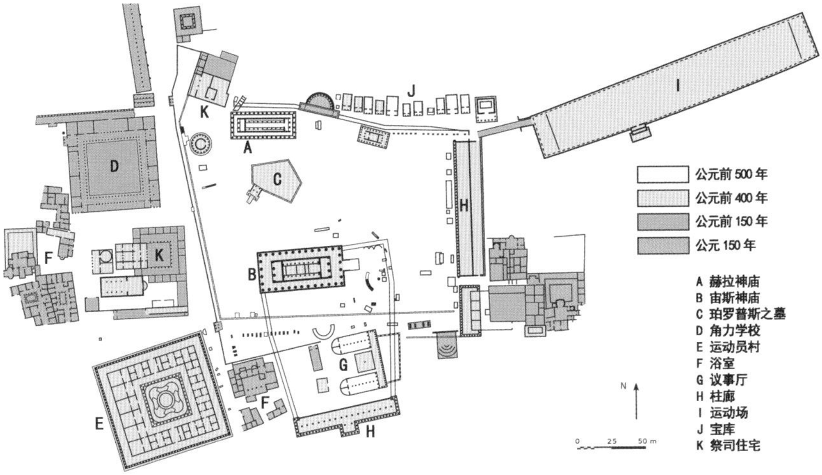

奥林匹亚圣地平面图

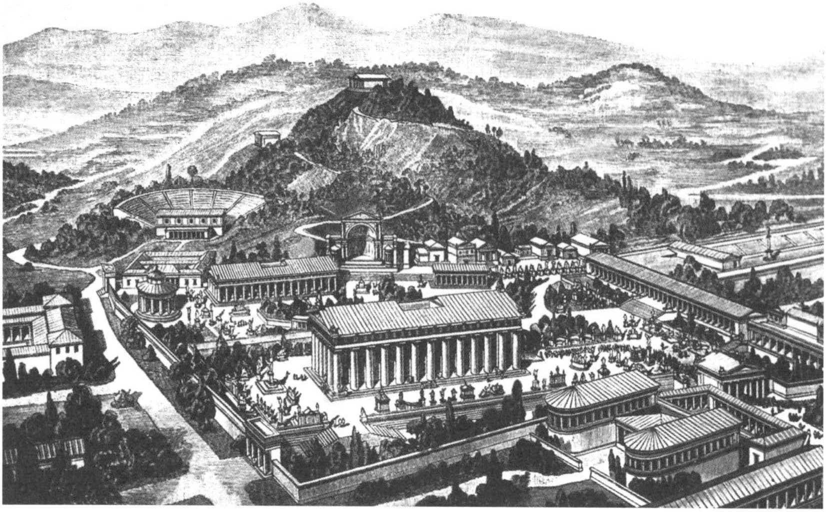

奥林匹亚圣地复原鸟瞰图（作者：G. Rehleneder）

古希腊奥林匹克赛车冠军奖章

奥林匹亚圣地遗址鸟瞰，右上方为运动场

的赛跑，以后逐渐扩大到竞走、拳击、角力、赛车以及包括跳远、赛跑、标枪、角力和铁饼在内的五项运动。冠军获得者将有幸被授予花环并留下自己的雕像。运动会期间，各个希腊城邦都应该停止争战，以保证参赛人员往来安全。这项具有明显宗教意义的活动一直持续到公元393年，以后被独尊基督教的罗马帝国皇帝狄奥多西一世（Theodosius I，379—395年在位）废止。

奥林匹亚圣地是一个多功能的建筑群，除了神庙、体育场、角力学校、运动员村、公共柱廊、议事厅等这些主要建筑之外，还有为数众多的宝库（Treasury）和雕像。所谓“宝库”是一种小型神庙式的建筑，由前来奉献的各个城邦修建，里面存放有祭祀用品和本邦的金银财物，必要的时候可以取用，相当于小型银行。

奥林匹亚圣地复原图（作者：H. Gartner）

圣地里最古老的建筑是公元前 7 世纪建造的献给天后赫拉的神庙（Temple of Hera）。它正面 6 柱、侧面 16 柱，与后来成熟时期的其他神庙相比，纵深显得略为狭长。这座神庙在建造之初采用的是木头柱子。由于木头容易失火或腐烂而难以久存，加上这个时期越来越多的希腊游客前往埃及旅行，见识了已经经历 2000 年风雨却巍然屹立的石头金字塔，因此在公元前 6 世纪后才逐步改换成石柱。[㊀]

奥林匹亚的赫拉神庙遗迹

2008 年北京奥运会圣火点燃仪式在赫拉神庙前举行

公元前 470 年，希腊人又在圣地为宙斯建造了一座宏伟的神庙（Temple of Zeus）。这座建筑采用 6 × 13 柱的经典多立克神庙模式，平面宽 28 米、长 64 米。

奥林匹亚的宙斯神庙东侧复原图（作于 1870 年）

㊀ 公元 2 世纪的希腊历史学家保萨尼阿斯（Pausanias）曾亲眼见过当时仍立在神庙内的一根橡木柱子。——参见「美」佩德利：《希腊艺术与考古学》第 155 页。

奥林匹亚宙斯神庙内部复原图（作者：J. Buhlmann）

公元前433年，在雅典因为遭到仇家陷害而被迫逃离的菲狄亚斯应邀来到奥林匹亚为这座神庙塑造内部的宙斯像。这座神像由黄金和象牙做成，高度足有18米。它被后来的希腊人列为古代世界七大奇迹之一。有人评价说：“一个人只要站在这座神的面前，即能忘掉人生所遭遇的一切愁苦与烦恼。”[43]

奥林匹亚圣地遗迹

这座神像在罗马帝国时代被皇帝运往君士坦丁堡，以后不知所终。宙斯神庙也在后来的一次地震中崩毁，并长期埋没于洪水造成的淤泥之下，直到1870年代才在德国考古学家努力下重见天日。

## 16-3 科林斯

前4世纪的科林斯钱币，右图可能为雅典娜像

科林斯（Corinth，旧译哥林多）也是一座希腊历史名城，扼守在狭窄的科林斯地峡南端，不仅是连通伯罗奔尼撒半岛

与希腊内陆的陆上必经之地，也是沟通爱琴海与爱奥尼亚海之间的最便捷通道。早在公元前 7 世纪的时候，科林斯人就考虑在地峡上开挖一条运河，虽然这个目标直到 19 世纪末才得以实现，但当时的科林斯人还是在地峡最狭窄的地方铺设了一条 8 公里长的石槽（Diolkos），可以用人力将商船或者战舰通过这条平缓的“轨道”从地峡的一侧拖到另一侧，从而大大节省运输时间，安全性也可以得到保障。

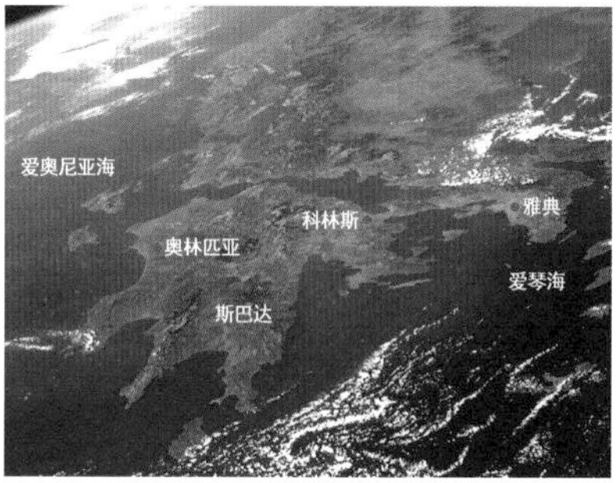

伯罗奔尼撒半岛卫星照片

古科林斯地峡石槽遗迹

有利的地理位置使科林斯成为那个时代希腊世界最为富庶的城邦之一。位于科林斯卫城（Acrocorinth）上的爱神阿芙洛狄忒（Aphrodite）神庙附近据说供养了超过 1000 名妓女，其奢侈淫欲的生活方式一直延续到基督教时代，曾经受到使徒保罗的斥责。[一] 继雅典之后，科林斯是最早向海外派遣殖民者的城邦，其所建立的许多殖民地都在后来的历史上扮演过重要的角色。公元前 582 年，向海神波塞冬表示敬

科林斯卫城遗址，阿芙洛狄忒神庙位于山顶右侧，山后为古科林斯城

㊀ 参见《新约全书·哥林多前书》。

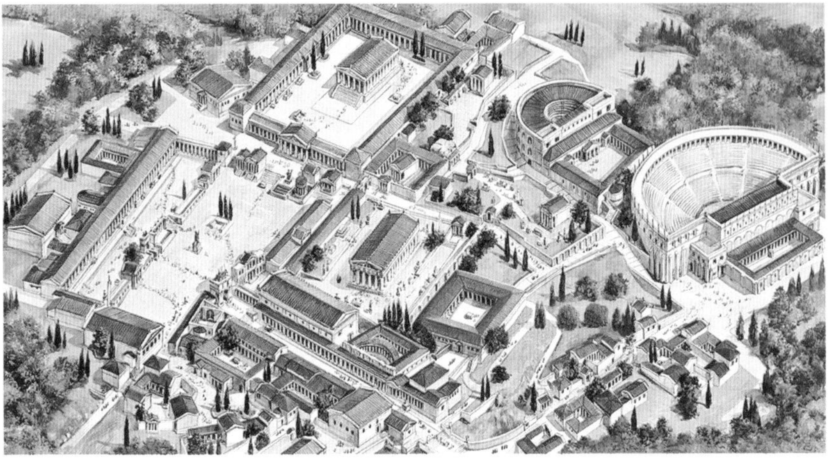

科林斯城市中心复原图，画面中央为阿波罗神庙，其余大部分建筑建于罗马统治时代（复原图约作于1900年）



意的科林斯地峡运动会（Isthmian Games）开始举办，以后每两年举办一次（奥林匹克运动会的前后年），成为泛希腊世界全体都参加的四大运动会之一。㊀

科林斯的阿波罗神庙遗址，背景为科林斯卫城

科林斯的阿波罗神庙立面图（作者：G. A. Blouet）

位于科林斯城中的阿波罗神庙（Temple of Apollo）建于公元前6世纪中叶，如今还可以看见其中的7根柱子耸立在神庙遗址上。与希腊古典时期（Classical Greece，前5—前4世纪）的雅典帕提农神庙相比，这座神庙具有浓郁的古风时期（Archaic Greece，前8—前6世纪）特色：神庙平面6×15柱，具有较

㊀ 另外两个分别是德尔菲的皮西安运动会（Pythian Games，四年一届，与奥运会间隔两年举办）和尼米安运动会（Nemean Games，两年一届，与地峡运动会同年举办）。

长的纵深；柱身较为粗短，高度约为底部直径的 4 又 1/3（相比之下，帕提农神庙高细比为 5 又 1/2）；柱头较为肥大（一般来说，柱头越肥大，年代越久远）。这座神庙的地面和额枋都有与帕提农神庙相似的水平线中央向上隆起的修正视错觉做法，这是已知最早的纠正视错觉例子，但其柱身却并未做卷杀。[44]

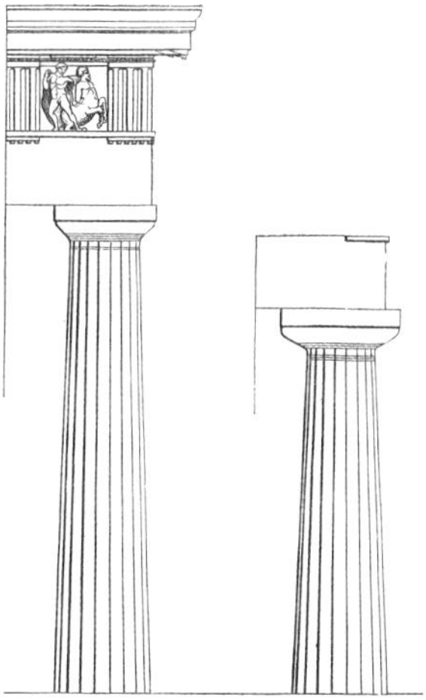

右为科林斯的阿波罗神庙柱头，左为雅典帕提农神庙柱头

## 16-4 埃庇道鲁斯

位于伯罗奔尼撒半岛东部的埃庇道鲁斯（Epidaurus）是希腊人崇拜医疗之神阿斯克勒庇俄斯（Asclepius）的圣地。朝圣者从四面八方赶来，祈求神赐予他们最大的礼物——健康。

埃庇道鲁斯遗址，远处为剧场

埃庇道鲁斯剧场鸟瞰

公元前 350 年，埃庇道鲁斯人用朝圣者捐献的钱款修建了一座剧场。这是现存希腊剧场中保存最为完好的一座。其扇形平面看台直径达 118 米，从上到下高

埃庇道鲁斯剧场

24 米，分布有 34 排座位，可容纳 14000 名观众。剧场的音响效果极佳，据说演员在舞台上的悄悄话也能清晰地传送到最远处的看台上。

## 16-5 巴赛

在古希腊时代，巴赛（Bassae）属于阿卡迪亚（Arcadia）的一部分。因为地处伯罗奔尼撒半岛的中心，距离纷争不断的海岸线较远，所以阿卡迪亚就成了安宁之地。直到今天，“Arcadia”这个单词还是西方国家“世外桃源”的代名词。

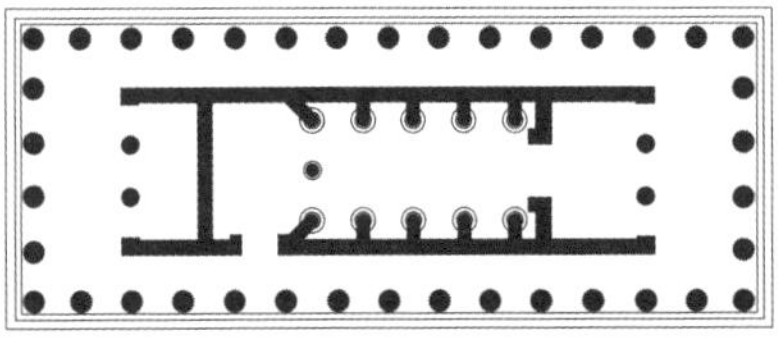

巴赛的阿波罗神庙平面图

巴赛的阿波罗神庙是一座有名的建筑，其建筑师很可能就是设计了雅典帕提农神庙的伊克蒂诺斯，建造时间差不多就在帕提农神庙建成之后的公元前 430 年。这座多立克神庙的内殿设计十分别致，两侧是 10 根爱奥尼克柱子，但却用短壁与内殿墙体

巴赛的阿波罗神庙内殿复原图（作者：F. Krischen）

连接，形成突出的壁柱形式。内殿的尽端设置了一根科林斯柱（这是目前所知这种柱式第一次出现在建筑上），使之成为一座集三种柱式于一身的独特神庙。此外，内殿内壁额枋上的浮雕装饰带也很有特点，与之相比，帕提农神庙的浮雕带是设计在内殿外侧墙面上的。

巴赛的阿波罗神庙现状



## 16-6 德尔斐

聆听神谕（Oracle）是希腊人与神沟通的一种重要的宗教活动。希腊人相信他们能够通过聆听神的启示来解答自己心中的疑惑。希腊有许多神谕所，其中以德尔斐（Delphi）的阿波罗神谕所最享盛名，深得希腊各城邦人民的信任。当年吕底亚国王克洛伊索斯正是在这里求得“如果开战就将毁掉一个大国”的神谕后贸然向波斯开战，从而毁灭了自己。他没有领会在这座神谕所上所铭刻着的话语：“人

古希腊瓶画中的德尔菲女祭司与求神谕者

德尔斐圣地复原图，中央为阿波罗神庙（作者：A. Tournaire）

马拉松之战后雅典奉献的宝库

剧场的下方就是阿波罗神庙遗址

啊，你要了解你自己。”在很长时间里，来到此地朝圣的希腊人在这里依靠险峻而壮丽的山势修建了包括神庙、宝库、剧场和体育场在内的各种建筑物，使之成为希腊宗教和文化艺术的中心。

位于圣地中央一条冒着雾气的石缝——希腊人称之为世界之“脐”——上的阿波罗神庙最早建于公元前 7 世纪，曾数度被毁又数度被重建，最后一次被重建是在公元前 320 年。它内部的神堂就是女祭司代为发布阿波罗神谕的地方。

像其他圣地一样，在阿波罗神庙前后还分布着许多各地奉献的柱廊或宝库。其中，雅典在马拉松之战和萨拉米斯湾海战之后奉献的宝库和柱廊，以及锡夫诺斯( Sifnos，位于基克拉泽斯群岛）于公元前 525 年奉献的爱奥尼克女像柱宝库都非常出名。

德尔斐的锡夫诺斯女像柱宝库复原图（作者：A. Tournaire）

神庙的后方山坡上有一座露天半圆形剧场，约建于公元前 4 世纪，有 35 级看台，可以容纳 5000 名观众。再往上还有一座体育场，在这里举行的皮西安运动会是与奥林匹克运动会同享盛名的古希腊全民性运动盛会之一。

德尔斐体育场

在阿波罗圣地的附近，还有一个雅典娜圣地。公元前 370 年，希腊人在这里建造了一座可能是希腊最早的围柱式圆形神庙（Tholos of Athena）。它的直径为 13.5 米，柱廊由 20 根多立克柱组成，内部神堂的直径为 8.6 米，其柱子采用科林斯柱式。

德尔斐的雅典娜圣地遗迹

## 16-7 底比斯

俄狄浦斯与斯芬克斯（瓶画作于前470年）

底比斯钱币，左侧图案为盾牌（前405—前395年）

底比斯的阿波罗神庙遗迹

底比斯（Thebes，或译为“忒拜”）[㊀]也是一座希腊历史名城。从传说时代弑父娶母的俄狄浦斯（Oedipus）与七英雄征战底比斯（Seven Against Thebes），到公元前4世纪杰出的军事家伊巴密浓达（Epaminondas）与底比斯圣团（Sacred Band of Thebes），有许许多多传奇人物和传奇故事在这座城市不断上演。

公元前335年，在亚历山大远征波斯前夕，底比斯发动反抗马其顿统治的叛乱。叛乱被镇压后，愤怒的亚历山大下令夷平这座城市，仅有当地出生的诗人品达（Pindar，前522—前443）的故居得以留存。

㊀ 这座城市与埃及的底比斯同名。在荷马史诗《伊利亚特》中，将埃及底比斯称为“百门之城”（Thebes of the Hundred Gates），而称希腊底比斯为“七门之城”（Thebes of the Seven Gates），以示区别。

# 16-8 克基拉

位于爱奥尼亚海上克基拉岛（Kerkyra，英语称之为“Corfu”科孚）上的克基拉城是科林斯人于公元前 8 世纪建立的殖民城邦。在那个时代，航海技术还不够成熟，军舰不能在海上抛锚过夜而必须在晚上拖到陆地上搁浅，因此像克基拉这样位于主要商路上的海港殖民地就显得格外重要，是兵家必争的战略要地。公元前 435 年，克基拉与母邦科林斯发生冲突，野心勃勃的雅典看中克基拉的战略位置，趁机将克基拉吸收入雅典同盟，由此激起斯巴达的警惕和不安，最终导致一场让整个希腊世界筋疲力尽的伯罗奔尼撒战争的爆发。

古希腊时代的海战（作者：R. Oltean）



克基拉今天保留下来的最重要的希腊时代建筑遗物是一座献给月亮与狩猎女神阿尔忒弥斯（Artemis）的神庙。这座建筑建于公元前580年，规模不算很大，正面宽约 23.5 米，但却用了 8

克基拉的阿尔忒弥斯神庙西立面图

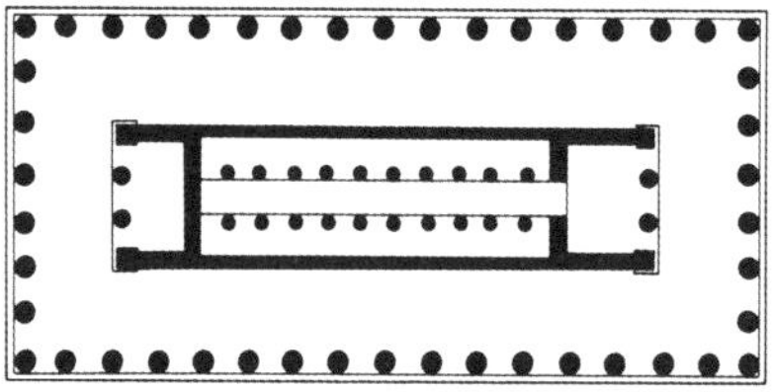
克基拉阿尔忒弥斯神庙平面图

克基拉阿尔忒弥斯神庙西山墙浮雕局部

根多立克柱子，在希腊本土十分少见。另一个少见的特点是，在外圈柱廊与内殿之间，留了一个两柱间宽的走廊，由此形成所谓“假双排柱围廊式”的平面格局。仍然保存较为完好的神庙西山墙山花上蛇发女妖（Gorgon）的雕刻很有古风时代的淳朴气息。



## 16–9 埃伊纳

埃伊纳岛（Aegina）位于雅典与伯罗奔尼撒半岛之间的萨罗尼科斯湾（Saronic Gulf）上，扼守从科林斯地峡通向爱奥尼亚的航道，是多利安人入侵之后最早繁荣起来的希腊城邦之一。埃伊纳人在公元前 7 世纪开始铸造银币，是欧洲第一个铸造钱币的城邦国家。

埃伊纳银质『龟币』（前 550 年）

埃伊纳最有名的古希腊时代遗物是阿菲娅神庙（Temple of Aphaea），献给埃癸娜女神（Aegina）。埃癸娜是河神的女儿，被宙斯变成老鹰抢到萨罗尼科斯湾上的一个小岛，以后这座岛就以她的名字命名。特洛伊战争时的希腊英雄阿喀琉斯就是她的曾孙。阿菲娅神庙的山花设计很精彩，设计师很好地掌握了三角形构图的技巧，一个向外“推”，一个向内“拉”，生动地表现了埃伊纳英雄们在雅典娜的指挥下在特洛伊战场英勇战斗的场景。

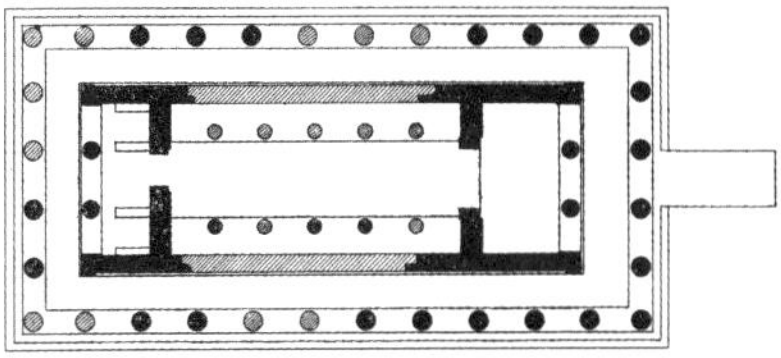

阿菲娅神庙平面图（作者：B. Fletcher）

阿菲娅神庙现状

埃伊纳的阿菲娅神庙东山墙（上）和西山墙（下）复原图（作者：A. Furtwangler）

## 16-10 苏尼翁角的波塞冬神庙

苏尼翁角的波塞冬神庙

雅典所在的阿提卡半岛尽端的苏尼翁海角（Sounion）上耸立着一座公元前444年建造的波塞冬神庙（Temple of Poseidon）。这座神庙最吸引游客的地方是在它墙身上的一处题刻，刻字者是英国著名诗人拜伦。他在1810年来此旅游时，就像那些普普通通的游客一样，在这座已经有2000多年历史的古建筑上用小刀刻上了自己的名字。㊀

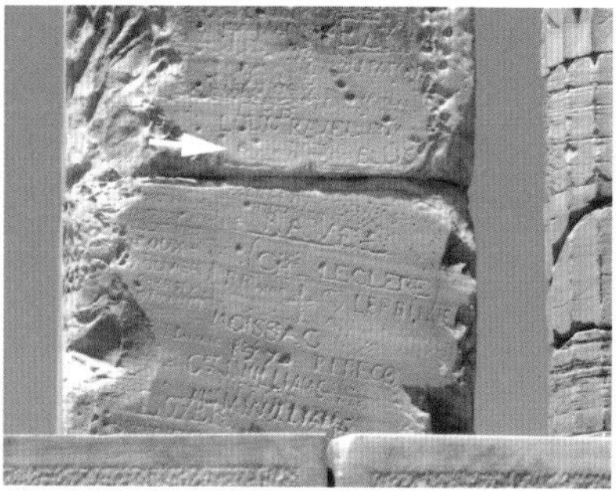
白色箭头所指处为拜伦题刻

很多时候，如果放轻松一些，把眼光拉得长远一些，或许在几百年后的后人看来，我们今天的所作所为都不过是建筑历史长河中所经历过的一点点风雨而已，它满可以让建筑看上去更加沧桑，让建筑的故事更加精彩。

苏尼翁角远眺



---

㊀ 1823年拜伦参加希腊独立战争，第二年病故于希腊。临终前他对朋友说：“我把我的财产、我的精力，都献给了希腊的独立战争，现在连生命也献上吧！”

# 第十七章　意大利南部和西西里

“他们穷奢极欲，好像是活不到明天的样子。”

## 17-1 大希腊

公元前 8 世纪起，希腊人开始在意大利半岛南部和西西里岛建立殖民地。这个地区后来被罗马人称为“大希腊”（Magna Graecia）[㊀]，罗马人正是在这里接受了最初的文明熏陶。

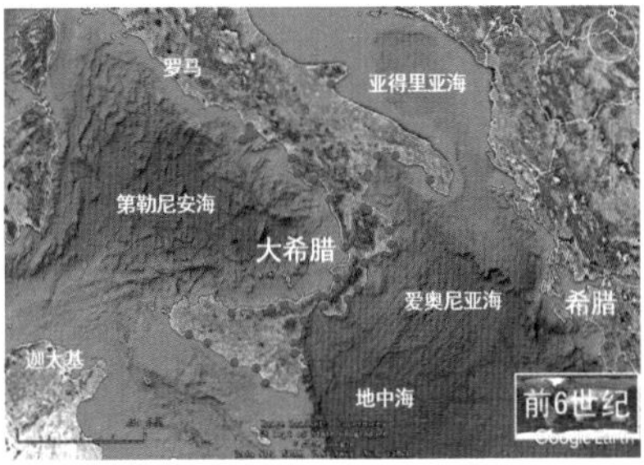


大希腊地区的希腊殖民地（前6世纪）

㊀ 在第一批来到意大利殖民的希腊人中，有一个部落叫作格雷伊人（Graioi）。在拉丁语中，他们被称为格雷斯人（Graeci）。这个称呼以后流传开来，成为西方各民族对希腊人的统称，在英语中拼写为 Greece。而希腊人称呼自己用的是 Hellas，源出于荷马史诗中的赫勒奈斯人。——参见「英」哈蒙德：《希腊史》第 174 页。

## 17-2 波塞多尼亚

位于意大利半岛上的古城帕埃斯图姆（Paestum），希腊人称之为波塞多尼亚（Poseidonia），意思是海神波塞冬之城。公元前 7 世纪时，这里就成为希腊人的殖民地。在这里，有三座希腊多立克式神庙较为完好地保存下来，它们分别建造于公元前 550 年、公元前 500 年和公元前 450 年，这之间的 100 年跨度，恰好对应了多立克神庙从早先的古朴风格向成熟的古典风格演进的过程。



这三座神庙中，建造时间最早的是位于最南侧的第一座赫拉神庙（First Temple of Hera），又被称为巴西利卡神庙（Basilica）。它采用假双排柱围廊式布局。其正面柱廊有 9 根柱子，与之对应，它的神殿内部中央有一个纵贯的柱列。这是非常罕见的做法，中央柱列显然会遮挡内部神像的视线。大概是因为这个原因，18 世纪的学者们觉得它不像是一座神庙，而把它当作是一座类似罗马巴西利卡

波塞多尼亚遗址，从右向左分别为第一座赫拉神庙、第二座赫拉神庙和雅典娜神庙（作者：E. Hottenroth）

用途的会堂建筑，所以就称它为“帕埃斯图姆（波塞多尼亚）的巴西利卡”。所谓巴西利卡，是罗马人在希腊柱廊基础上演变出来的一种市民集会堂，在不良天气条件下，仍可满足市民社交和商业活动的需要。如今，在其他考古资料的佐证下，这座建筑已被确认为是一座神庙，是献给天后赫拉的，或许里面还同时供奉着宙斯，这就可以解释为什么会有由中央柱列划分出的两个并列内殿空间。只不过因为时间长了，许多人已经习惯称它为“帕埃斯图姆的巴西利卡”了。

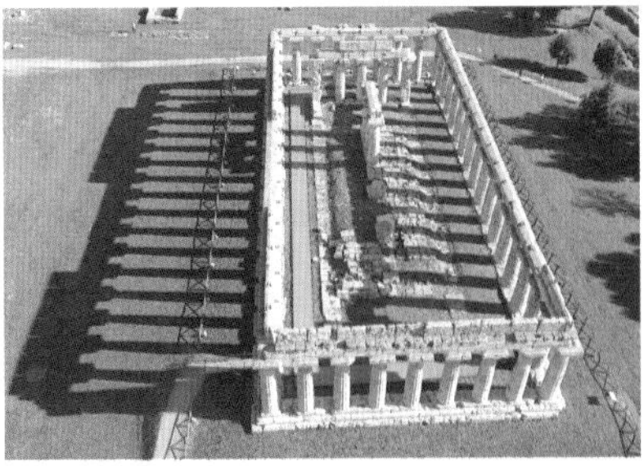
波塞多尼亚第一座赫拉神庙（『巴西利卡』神庙）鸟瞰

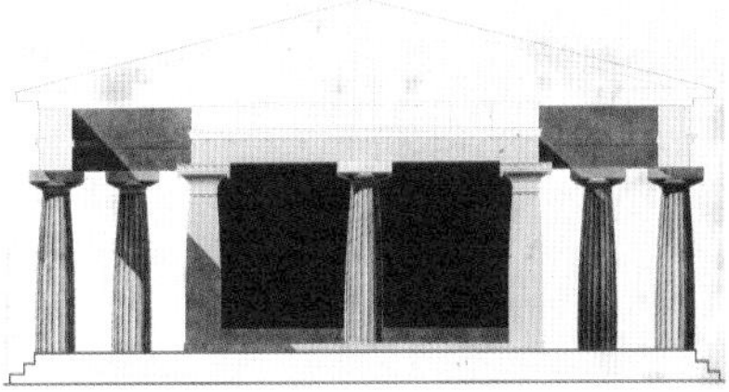
波塞多尼亚第一座赫拉神庙剖面图（作者：W. Wilkins）

像帕提农神庙一样，这座神庙的设计者也很喜欢4∶9这个比例。这座神庙的宽度是24米，长度是54米，两者恰好就是4∶9的关系。如果将这个比值的分子和分母都减去2，得到2∶7，这是内部神殿的宽长比。如果再将分母减去2，则会得到除去前厅和后室的中央部分的宽长比2∶5，这个比例与4∶9一样都具有2倍+1的数学关系。

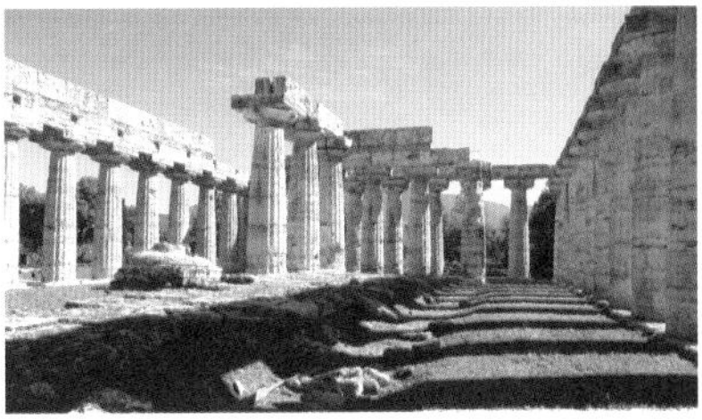
波塞多尼亚第一座赫拉神庙内部

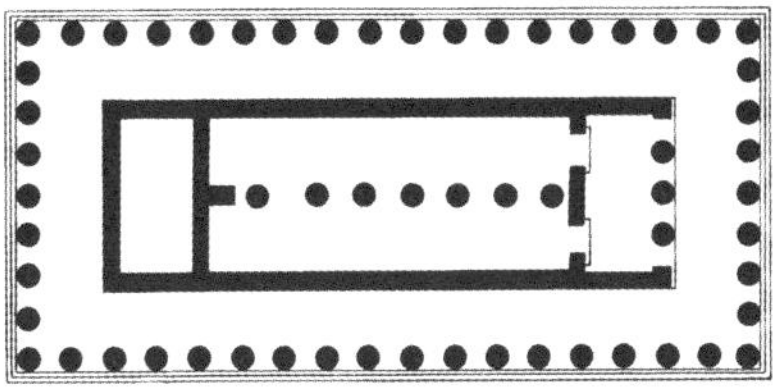
波塞多尼亚第一座赫拉神庙平面图

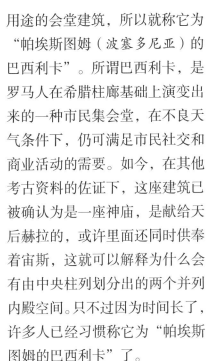

波塞多尼亚的雅典娜神庙

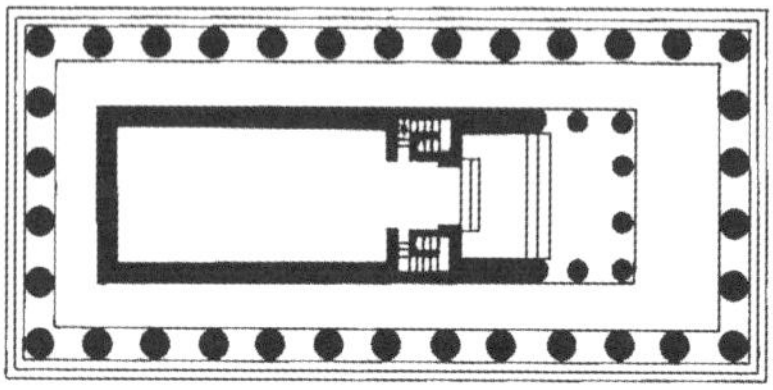
波塞多尼亚雅典娜神庙平面图

波塞多尼亚第二座赫拉神庙

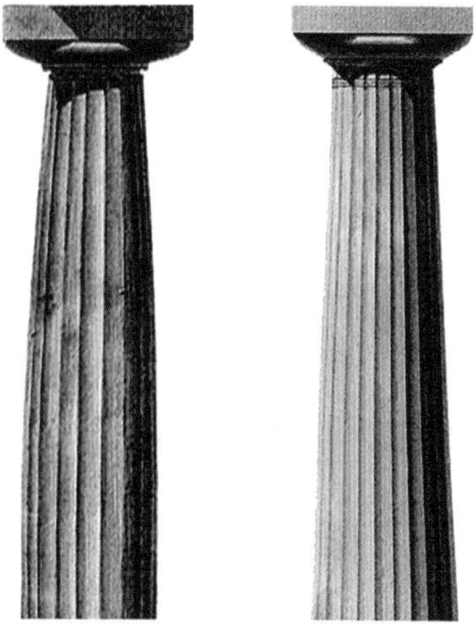
左为第一座赫拉神庙柱子，右为第二座赫拉神庙柱子（作者：W. Wilkins）

隔了差不多50年，位于最北侧的雅典娜神庙开工建造。这座神庙的平面采用6×13柱的格局，是最早采用这种2倍+1模式的神庙之一。神殿入口的内门廊使用了6根爱奥尼克柱子。这是第一次在多立克神庙中使用爱奥尼克柱子，比希腊本土的雅典帕提农神庙早了半个多世纪。

位于三座神庙中间紧挨着第一座赫拉神庙的是最晚建造的第二座赫拉神庙，过去有一段时间曾被误认为是献给海神波塞冬的建筑。这座神庙保存非常完好。虽然平面6×14柱的格局以及较为短粗的柱身比例还带有古风痕迹，但它柱身的卷杀已经不大明显，与旁边的第一座赫拉神庙相比，明显地呈现出从崇尚粗犷到讲求精致的审美趣味的转变。

公元前4世纪，罗马人成为这里的主人。罗马时代修建的城墙、角斗场、广场以及居住街区等遗迹今天都还能见到。

## 17-3 叙拉古

位于西西里岛东海岸的叙拉古（Syracuse）是由科林斯人于公元前734/733年建立的。优越的地理条件使其成为大希腊地区最强大的希腊殖民城邦之一，多次卷入重大地区冲突。在伯罗奔尼撒战争中，雅典海军于公元前415年入侵叙拉古而招致惨败，终结了雅典的霸权。公元前264年，叙拉古站在罗马一边加入对抗迦太基（Carthage，罗马人称之为布匿 Punic）[㊀]的第一次布匿战争（First Punic War，前264—前241）。可是在几十年后的第二次布匿战争（Second Punic War，前218—前202）中，叙拉古却倒向罗马的对手迦太基。公元前212年，尽管有大科学家阿基米德（Archimedes，前287—前212）鼎力助阵防御，但叙拉古最终还是被罗马军攻陷，从此丧失独立地位。

叙拉古现状鸟瞰，远景是著名的埃特纳火山

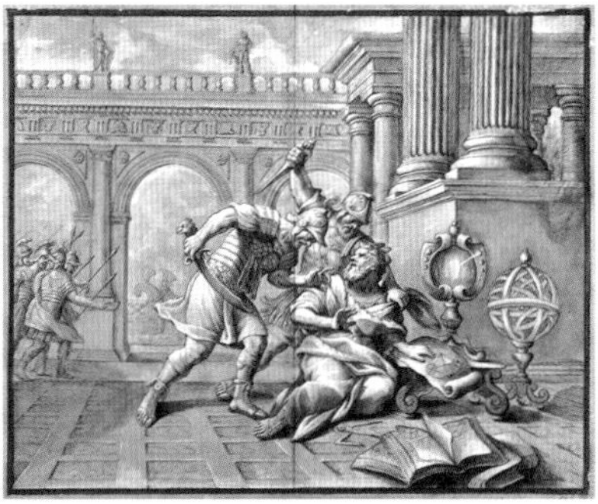

阿基米德之死（作者：F. Luti）

㊀ 迦太基位于北非（今突尼斯），是腓尼基人建立的殖民城邦。全盛时期其控制范围包括西班牙南部、西西里岛西部、撒丁岛、科西嘉岛和马耳他岛。

叙拉古的阿波罗神庙遗址

大约在公元前590年修建的叙拉古阿波罗神庙是现存最古老的、主要结构完全用石头建造的多立克神庙。它那8米高的多立克柱子是用整块岩石雕凿出来的，十分罕见。在同样是用石块整体雕凿出的台阶上，建筑家兼石雕匠克莱奥梅内斯（Cleomenes）和埃庇克莱斯（Epikles）自豪地刻下了他们的大名。

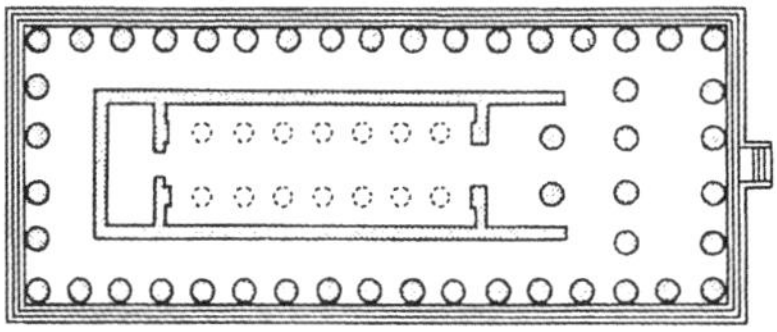
叙拉古的阿波罗神庙平面图

从平面上看，这座神庙的柱子间距与直径相比显得非常密集，尤其是侧面，柱间距甚至小于柱子的直径。而从立面上看，檐部所占的比例过大，高度约相当于柱高的3/4，让人有头重脚轻的压迫感。显然，和谐的秩序和美感的产生是要经过反复的实践和摸索总结才能得出的。这才刚刚是开始。

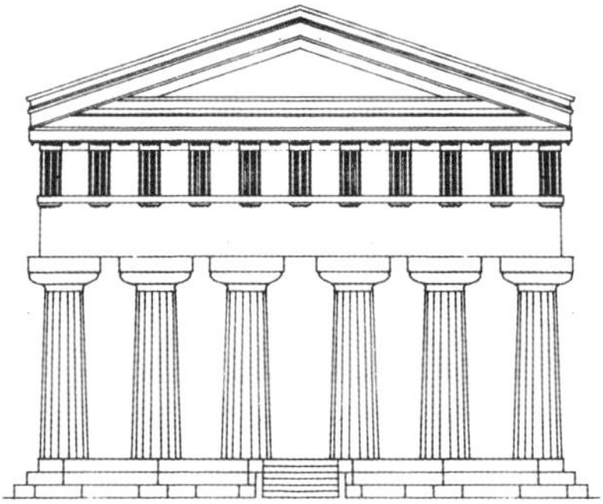
叙拉古的阿波罗神庙立面图

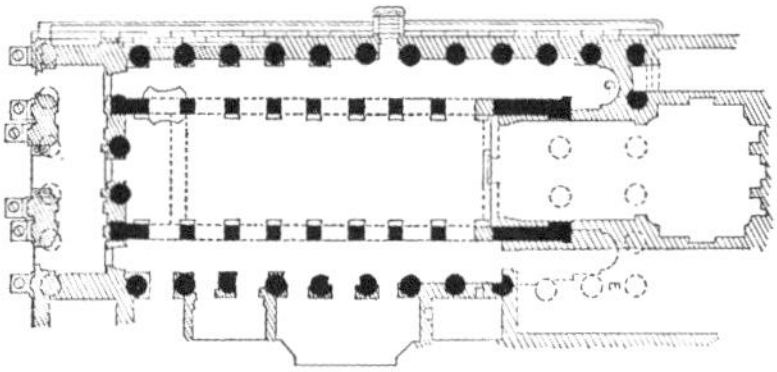
叙拉古大教堂平面图（原为雅典娜神庙）

叙拉古另一座还可以看到较多遗迹的神庙是公元前5世纪建造的雅典娜神庙。这座建筑原本是6×14柱的多立克神庙，后来在基督教时代被改造为叙拉古的主教教堂（期间还一度被占领此地的阿拉伯人改为清真寺）。如今在教堂的内外墙面上，都还可以看见一些裸露的多立克柱头，好像是镶嵌在上面的装饰一样，成为超越一切时代的文化传统的有机组成。

叙拉古大教堂外立面（原为雅典娜神庙）

除了这两座神庙之外，叙拉古还保留有现存希腊世界最大的剧场遗迹。这座剧场建于公元前 5 世纪，依靠山坡做成直径 138.6 米的扇形看台，拥有 67 排座位（相比之下，埃庇道鲁斯剧场只有 34 排座位）。

叙拉古的希腊剧场



## 17-4 阿克拉加斯

诗人品达将西西里南部滨海城市阿克拉加斯（Acragas，后来的意大利人称其为阿格里真托 Agrigento）形容为“西西里的眼睛”“世界上最精致的城市”。出生于此地的哲学家恩培多克勒（Empedocles，约前 492—前 432）在谈到这座城市时说：“他

阿克拉加斯复原图（图片：Altair 4 multimedia）

前5世纪发行的阿克拉加斯钱币，是那个时代制作最为精美的货币

们全心全意于享受，穷奢极欲好像是活不到明天的样子，但是他们房舍的布置装潢又似乎他们要在里面永远住下去。”[45]

公元前480年，正当希腊本土为生存而战时，在西西里岛西北海岸建有殖民地的迦太基人试图干预岛上希腊城邦的内部冲突。据说就在希腊海军于萨拉米斯海战歼灭波斯舰队的同一天，阿克拉加斯和叙拉古联军也在西西里战场上全歼迦太基军队。这真是决定整个希腊世界命运的一天。迦太基遭此惨败，足足有70年时间不再染指西西里事务。



利用这场胜利所缴获的战利品，阿克拉加斯人修建了一座规模巨大的多立克神庙以示庆贺。这座献给宙斯的建筑边长达到56.5米×113米，面积相当于希腊本土最大的帕提农神庙的3倍。阿克拉加斯人显然是想要作为多立克人的代表去与爱奥尼亚人的巨型神庙一较高下的。在平面布局上，其正面采用与帕埃斯图姆“巴西利卡”相似的偶数开

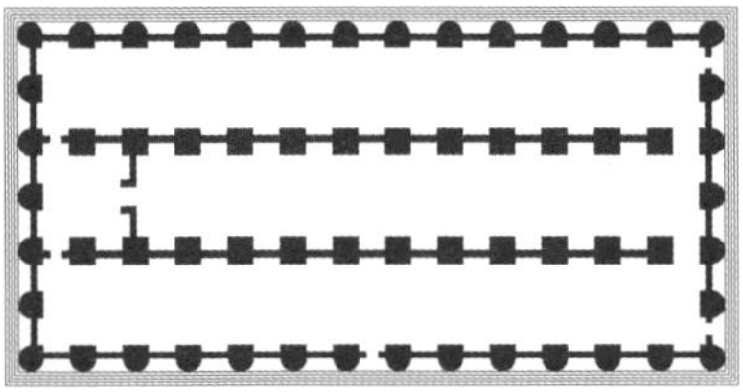

阿克拉加斯宙斯神庙平面图

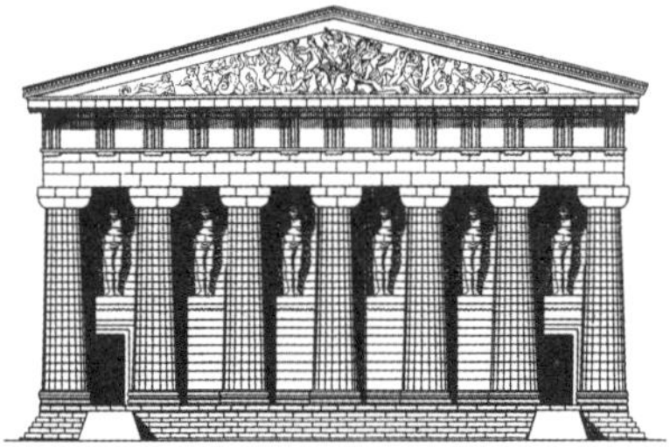

阿克拉加斯宙斯神庙立面图（作者：B. Fletcher）

阿克拉加斯的宙斯神庙剖视图（作者：C. R. Cockerell）

间设计，正面 7 柱。由于其柱子与外墙结合在一起形成所谓假列柱围廊式设计，进入神庙的大门开在两侧，并且内部并无设置中柱，所以这样的奇数柱子设计并不会像帕埃斯图姆“巴西利卡”那样会对内部神像布置造成不良影响。外围的这些多立克柱子每根高达 20 米，直径约 4.5 米，堪称是最粗壮的多立克圆柱。柱子下方还做有爱奥尼克风格的华丽柱础，显示出阿克拉加斯人与众不同的审美品位（几百年后罗马人继承了这种做法，后世的罗马多立克柱子都做有这样的柱础）。柱子之间的墙面上方作有巨型人像，据说是按照被俘的迦太基人的形象雕刻的，以此奉献给神灵。[46] 神庙的内部有两列柱子，柱列也是与墙结为一体，由此将空间等分为三部分，其中中央神殿两侧的柱头上方也做有巨型人像。有人猜测中厅可能没有设计屋顶。这种假设是有道理的，如此高耸而封闭的中厅，如果没有开天窗的话，气氛也过于阴森了，神恐怕也不会乐意住在这样的地方吧。

阿克拉加斯宙斯神庙遗迹，背景为现代阿格里真托城

公元前 406 年，迦太基人卷土重来。这一次他们彻底打败阿克拉加斯人，而后摧毁这座神庙以报仇雪恨。只有一尊原先用于装饰神庙的巨人雕像残片还留在那里，诉说往昔的荣光。

阿克拉加斯的和谐神庙

在这场浩劫中，与宙斯神庙一同建造在阿克拉加斯城南一道细长山梁上的另外五座神庙也遭到了不同程度的破坏。其中只有一座建于公元前 430 年的和谐神庙（Temple of Concord）相对完好地保存下来，被公认为是可以和帕提农神庙相媲美的古希腊神庙艺术的杰出代表。



## 17–5 塞利努斯

塞利努斯钱币上的芹菜图案（前 5 世纪）

导致阿克拉加斯惨遭毁灭的这场新的希腊—迦太基之战早在公元前 408 年就已经打响。第一座毁于迦太基入侵者手中的希腊城市是塞利努斯（Selinus）。

塞利努斯复原图（作者：J. Hulot）

塞利努斯建城于公元前 628 年，城市的名称来源于当地大量生长的芹菜。城市的主体部分位于两条小河之间的高地上，其中卫城位于海岸边的高地，里面建有五座神庙，如今被编号为 O、A、B、C、D。此外，在城东小河对岸的高地还有一处圣地，里面建有三座神庙，编号为 E、F、G。所有这些神庙全都毁于迦太基人之手。

位于卫城中的神庙 C 是其中最古老的一座，可能是献给阿波罗的，大约建于公元前 560 年。这座神庙的平面与叙拉古的阿波罗神庙很相似，都是纵深拉得比较长的平面，但其柱间距要比叙拉古

塞利努斯卫城复原图，从左向右分别为神庙 O、神庙 A、神庙 B、神庙 C 和神庙 D（作者：J. Hulot）

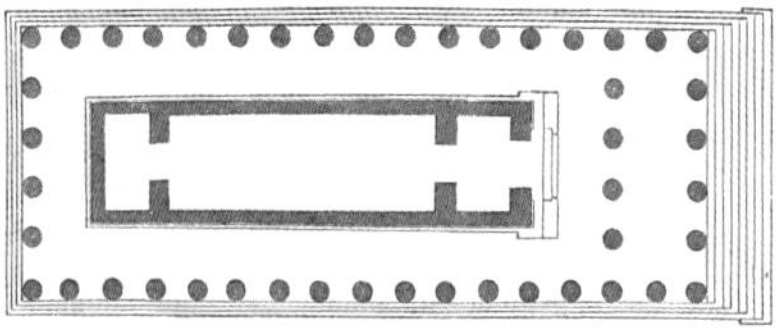

塞利努斯神庙C平面图

塞利努斯神庙C立面图（作者：J. Hulot）

的宽一些。正面也是6柱，通过加密的八级台阶以及双排柱柱廊来强调入口方向的重要性。其内殿的墙身没有与柱列对齐，而是介于第2和第3列柱子之间，这样就使得走廊显得特别宽敞，而殿身也显得比较瘦削。这些做法都与古典时代希腊本土那些神庙有所区别，体现出西西里的神庙设计者不同寻常的创新和探索精神。



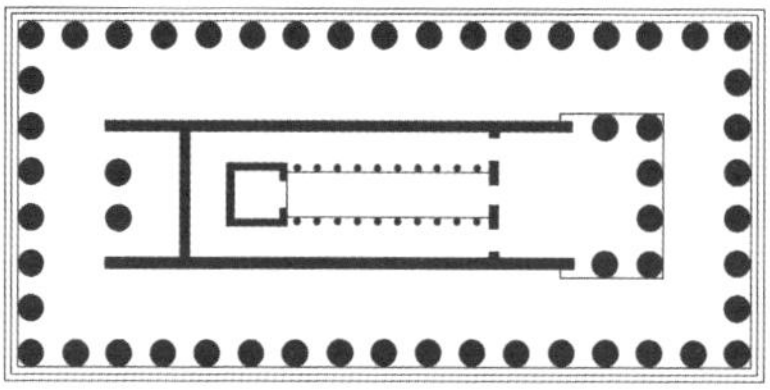

塞利努斯神庙G平面图

位于城东圣地的神庙G建于公元前530—前480年之间。有人认为它可能是献给阿波罗的，也有人认为它是献给宙斯的，尚无定论。这是一座可以与阿克

塞利努斯神庙G复原图（作者：J. I. Hittorff）

拉加斯的宙斯神庙相比肩的、最大规模的多立克神庙，宽 55 米、长 115 米，充分展现出西西里殖民地的不凡气魄。它的正面有 8 根柱子，侧面 17 根，是经典的 2 倍+1 模式。里面是假双排柱围廊。内殿的墙身与第 3 列柱子对齐，在入口处形成宽 4 柱、进深 2 间的门廊空间。内殿里面还藏了一座小神殿，只有一个开间宽度，前面是两排三层的柱廊，中央上空可能就是开敞的，没有封顶。

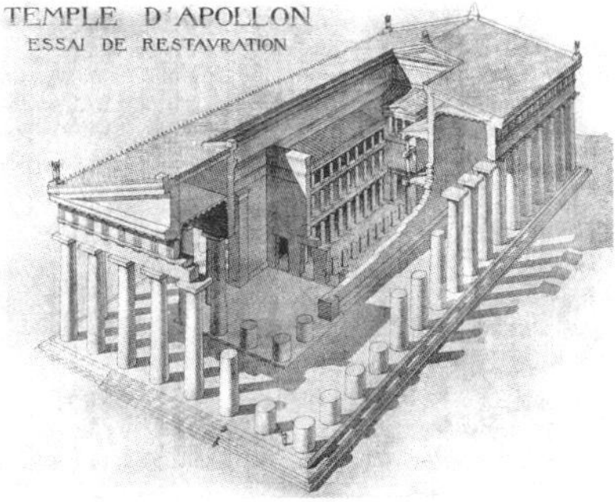

塞利努斯神庙 G 透视解剖图（作者：J. Hulot）

塞利努斯神庙 G 遗迹，巨大的结构令人震撼

# 第十八章 爱琴海东岸地区

“全世界我们所知道的气候和时令最优美的地区。”

## 18-1 爱奥尼亚

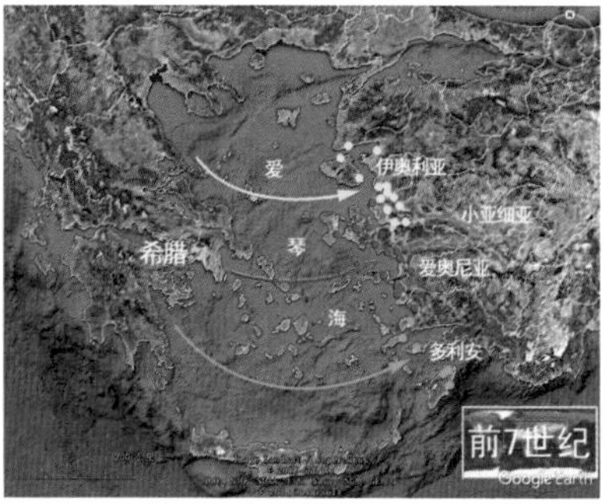


小亚细亚沿海地区的希腊殖民地（前7世纪）

我们将目光转向东方。希罗多德将小亚细亚的爱奥尼亚殖民地描述为“全世界我们所知道的气候和时令最优美的地区”[47]。居住在这里的迈锡尼人后代凭借着对祖先文明的记忆和自身旺盛的创造力，远在希腊本土多利安人之前就创造了后来成为西方文明基石的艺术、科学和哲学。

## 18-2 萨摩斯

萨摩斯岛（Samos）是传说中天后赫拉的出生地，也是哲学家毕达哥拉斯和伊壁鸠鲁（Epicurus，前341—前270）的出生地。在这里出生的还有天文学家阿里斯塔克斯(Aristarchus，前310—前230)，他通过自己的观察和思考，第一次提出地球围绕太阳旋转的理论，并对太阳、地球和月亮的大小给出了定性准确的结论。寓言家伊索(Aesop，前620—前560)也曾在这里生活过很长时间，他当时是这里一位哲学家的奴隶，后来获得自由。

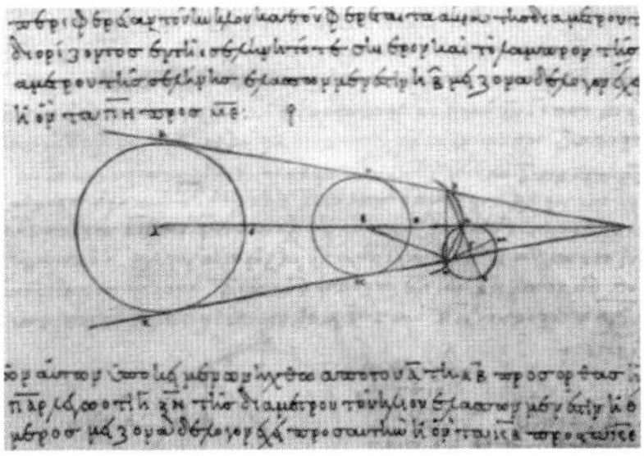
阿里斯塔克斯提出的日心说模型，图为10世纪希腊复制件



大约在公元前8世纪，萨摩斯人建造了第一座献给赫拉的神庙。这座神庙比例修长，宽度仅6.5米，而长度约33米。神庙建筑中央有一列用以支撑屋脊的柱子。这种布置方式显然与早期较为落后的建筑水平有关，我们之前介绍过的塞尔蒙的“迈加隆C”也是属于这种类型。前面我们还

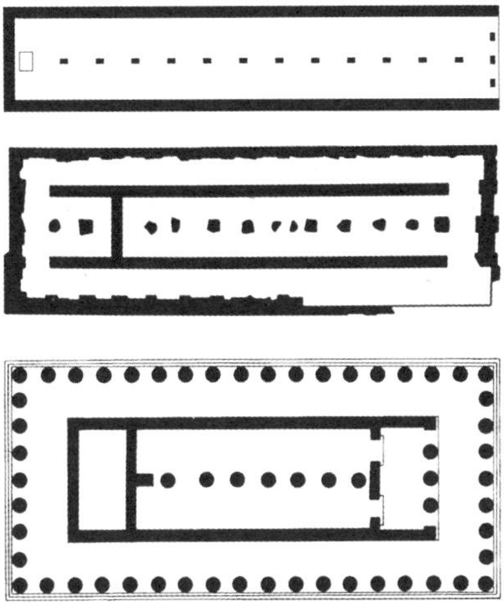
由上至下依次为：萨摩斯的第一座赫拉神庙、塞尔蒙的『迈加隆C』、波塞多尼亚的『巴西利卡』神庙

提到过帕埃斯图姆的那座“巴西利卡”神庙，就是因为其中央有一列柱子，所以一度不被认为是神庙，一直到像这座萨摩斯第一座赫拉神庙以及塞尔蒙的“迈加隆B”等这些遗址被发现，这才得以纠正。

第一和第二座赫拉神庙剖面图

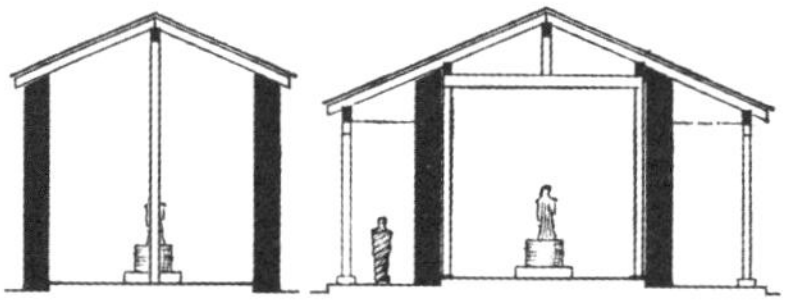

大约公元前660年，萨摩斯人重建了赫拉神庙。这次建设最大的变化是取消了落地中柱（可以让支撑屋脊的中柱落在由两侧柱子支撑的梁上），使内部空间的使用变得较为合理。在神殿墙体的外侧还建造了一圈柱廊加以保护，柱廊正面采用6柱式。

萨摩斯的第二座赫拉神庙平面图

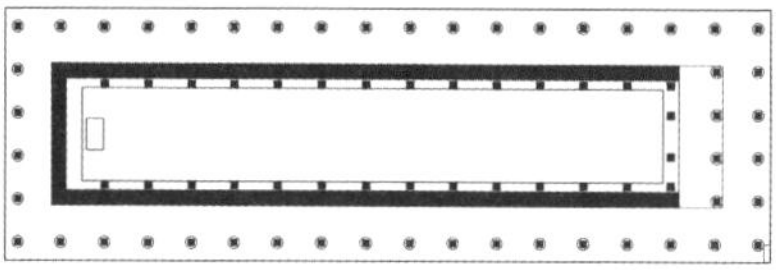

公元前570年，建筑师罗伊柯斯（Rhoecus）和狄奥多罗斯（Theodorus）负责进行赫拉神庙的第三次重建。这次重建的赫拉神庙（Temple of Hera III）以其宏大的尺度揭开了爱奥尼克风格的序幕。它的平面宽52.5米，长105米，采用双排柱围廊式，正立面8柱、侧面21柱、背立面10柱，共有104根爱奥尼克柱子，每根柱子高达18米。如此众多

萨摩斯的第三座赫拉神庙平面图

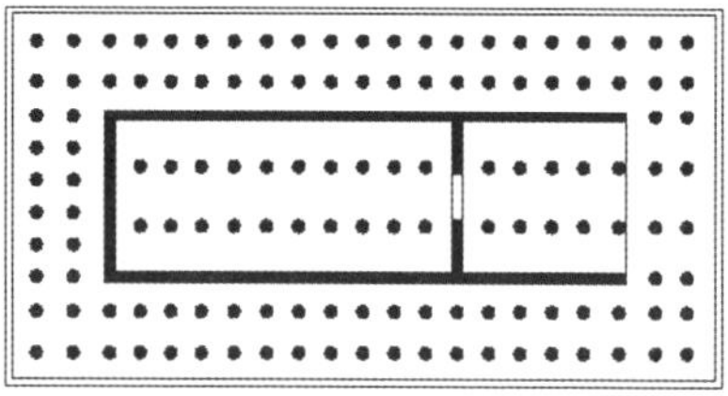

的柱子犹如森林般屹立，给这座神庙添上了一个“萨摩斯迷宫”（Labylinth of Samos）的绰号。

大约是由于在选址的时候没有把地基打牢，这个第三座赫拉神庙在公元前 540 年建成之后不多久就崩塌了。萨摩斯的统治者波利克拉特斯（Polycrates）立刻下令重建神庙。新的基地向西偏移了大约半座神庙的位置，最后完成的新神庙（Temple of Hera IV）宽度保持不变，而长度有所增加，达到 108.5 米。它仍采用双排柱围廊式样，但正面和背后各多加了一排柱，正立面 8 柱，侧面 24 柱、背立面 9 柱，柱子的总数有较大增加，包括前厅共达 137 柱。

这座神庙是希腊世界第一座规模达到如此尺度的宏大建筑，当时的人们都敬畏地以其统治者的名字称之为“波利克拉特斯神庙”。希罗多德在他的《历史》中称赞这座建筑为“希腊全土三项最伟大的工程”之一。[48]

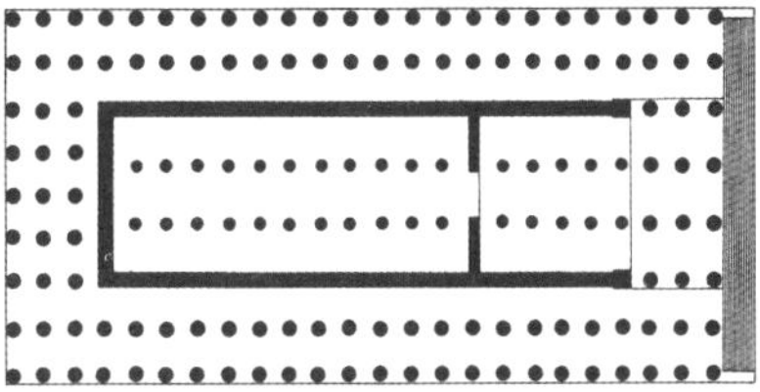

萨摩斯的第四座赫拉神庙平面图

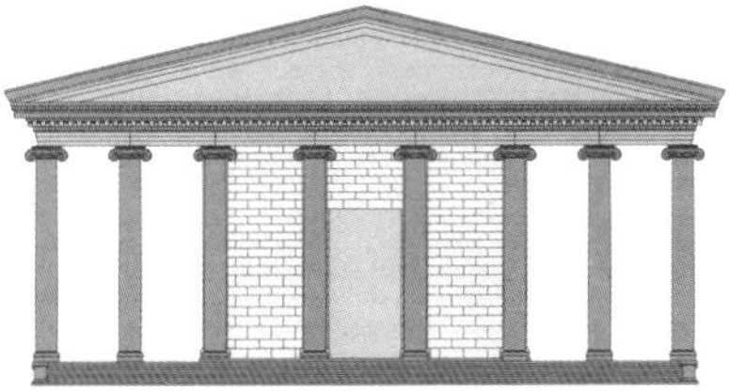

第四座赫拉神庙立面图（图片：A. B. Gardin）

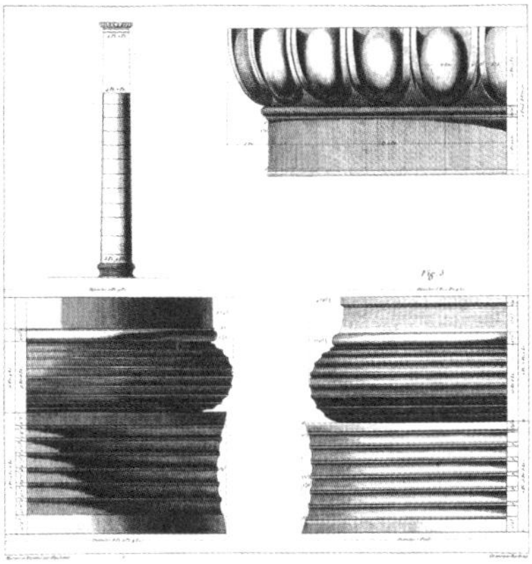

由A. de Choiseul-Gouffier所绘制的柱子细节，可以看出，这里所采用的柱子造型特征介于爱奥尼克式和多立克式之间

波斯波利斯宫柱子细节（作于19世纪）

萨摩斯的赫拉神庙遗迹



公元前547年，波斯人打败吕底亚王国，征服了整个小亚细亚。许多爱奥尼亚工匠被带到波斯，在那里与来自其他地方的工匠们合作建造了波斯波利斯宫。它的柱子在比例和主要细节方面都与希腊爱奥尼克式样很接近。

在基督教时代到来之后，这座神庙就像大多数的希腊罗马神庙一样遭到严重破坏，大部分的石头都被后人搬去修建其他建筑或者烧制石灰，如今只有少数一些残迹还留存着。

在距离这座神庙不远的地方，差不多是在同一个时间，工程师尤帕利努斯（Eupalinos）为古萨摩斯城（今名毕达哥利翁 Pythagoreion，以纪念出生于这里的毕达哥拉斯）修建了一条全长1035米、直径约2米、水平倾斜度只有0.5‰的输水隧道（Eupalinian Aqueduct）。工人们先是从两头向中间对挖，因为在山洞中难以确认对方的准确方向，所以在快要到中央汇合处的时候，进行了几次转折试探。等

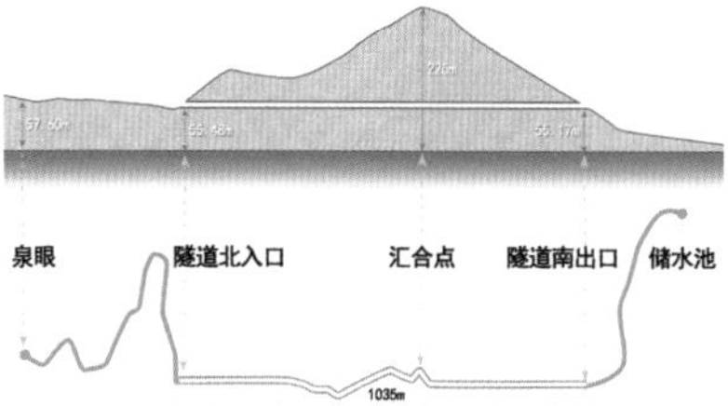

萨摩斯输水隧道示意图（图片：Samosin.gr）

到最终汇合贯通的时候，两边隧道的高度误差只有 4 厘米，其精度之高，堪称是工程学上的奇迹。在希罗多德开列萨摩斯所拥有的“希腊全土三项最伟大的工程”中，这条隧道被列在第一位。还有一项是萨摩斯的海港护堤，修建于 30 多米深的海水中。

萨摩斯输水隧道内景



## 18-3 以弗所

与萨摩斯隔海相望的以弗所（Ephesus）是哲学家赫拉克利特（Heraclitus，前 530—前 460）的家乡。

以弗所最有名的建筑是月亮与狩猎女神阿尔忒弥斯神庙（Temple of Artemis）。它最初大约建于公元前 8 世纪。公元前 550 年左右，得到吕底亚王克洛伊索斯的赞助，由建筑师切尔西弗伦（Chersiphron）和梅塔戈内斯（Metagenes）父子采用最新问世的爱奥尼亚风格对它进行重

以弗所钱币上的阿尔忒弥斯像（前 3 世纪）

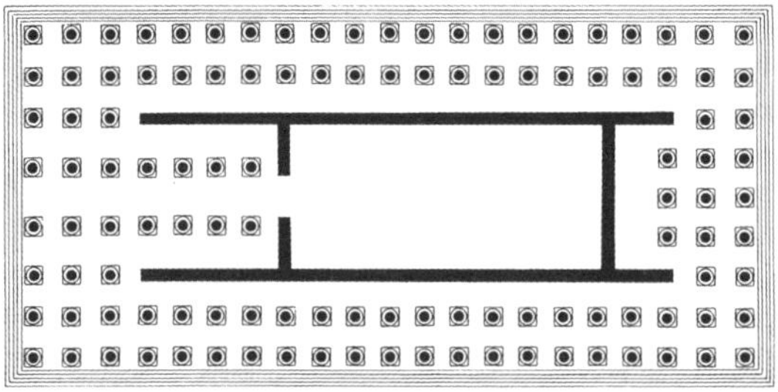

前6世纪建造的以弗所的阿尔忒弥斯神庙平面图

建。这座神庙宽55米、长115米，入口朝西，而不是惯常的东向。据说它的柱子全部是由昂贵的大理石做成，其中有36根柱子还在柱身下半段做上了华丽的人像浮雕。

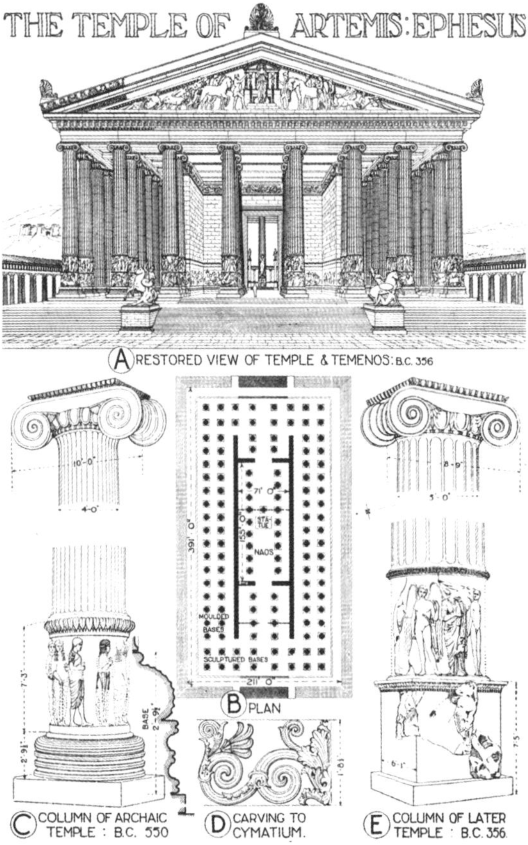


前4世纪重建后的以弗所的阿尔忒弥斯神庙（作者：B. Fletcher）

公元前356年，一名男子为了历史留名，纵火烧毁了这座神庙。据说这一天恰好是亚历山大的出生日。公元前323年，以弗所准备重建这座神庙。已经灭亡波斯帝国建立了不世伟业的亚历山大表示愿意承担这笔费用，但要求在神庙上刻上他的名字。骄傲的以弗所人委婉拒绝了这位大帝的要求，他们告诉这位伟大的征服者：“由一个神为另一个神盖庙似不相宜。”[49]

这座再次重建的神庙规模比之前的有所扩大，正面宽度达到69米，长度137米，成为希腊世界所建造过的最大神庙，后来被希腊旅行家列为古代世界七大奇迹之一。新神庙共有127根柱子，每根柱子高约18.9米，直径1.57米，高细比约12∶1，充分展现了爱奥尼克的轻盈风格。

以弗所的阿尔忒弥斯神庙柱身浮雕局部

这座神庙后来也在基督教时代遭到破坏，如今也只有一根后人拼凑出的柱子残迹留存在原本的基地上。

以弗所的阿尔忒弥斯神庙柱头



## 18-4 狄迪玛

第三座伟大的爱奥尼克神庙位于狄迪玛（Didyma）。这里是与德尔斐齐名的希腊世界最著名的神谕所之一。这座献给阿波罗的神庙最早建于公元前6世纪。由于受到爱奥尼亚起义失败的波及，这座神庙被波斯人摧毁。公元前334年，神庙得以重建。

狄迪玛的第二座阿波罗神庙遗迹

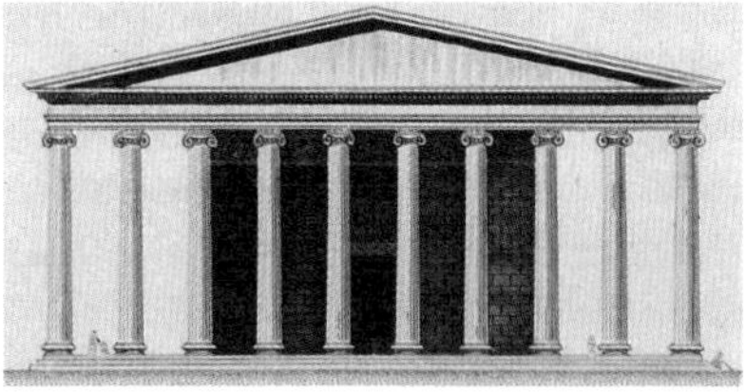

狄迪玛第二座阿波罗神庙
立面图（作者：C. Gouffier）

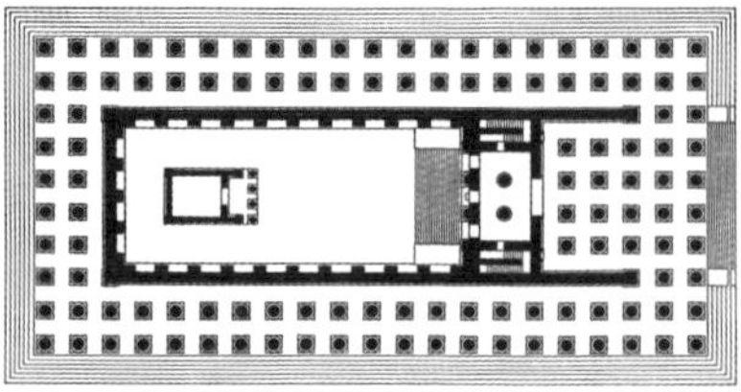

狄迪玛第二座阿波罗神庙
平面图（图片：B. Gruben）

新的神庙比旧神庙的规模扩大了许多，宽 46 米，长 109.5 米。正立面有 10 根柱子，柱高 19.6 米，直径 2 米，是最大的爱奥尼克柱子之一。平面布局采用双排柱围廊式，但内部神殿除前厅外，屋顶全部敞开，然后里面再设一座四柱式前列柱小神庙。这种做法在旧神庙建设的时候就已经采用，与我们之前看到的西西里的两座大型多立克神庙的处理方式有相似之处，但更为开敞。



## 18–5 米利都

狄迪玛圣地隶属于爱奥尼亚地区最古老的城邦之一的米利都（Miletus）。米利都是一座有着悠久历史的城市，早在公元前 1900 年，克里特岛上的米诺斯人就曾经来到这里定居。公元前 10 世纪，来自雅典的爱奥尼亚殖民者占领了这里，在这一带沿海建立了包括萨摩亚和以弗所在内的十二个城市，史称“爱奥尼亚十二城邦”。站稳脚跟的米利都人从公元前 8 世纪开始向外殖民，最多的时候，他们建立了超过 100 座殖民城市，其影响力一直到黑海的克里米亚半岛，控制了从黑海到地中海的海上贸易。波斯帝国崛起后，米利都与小亚细亚的所有希腊城邦一道都被波斯人征服，成为波斯帝国的一员，丧失了政治上的独立地位。

公元前 499 年，以米利都人为首的爱奥尼亚各城邦发动了反抗波斯的起义。这是希腊自由精神的一个很好例证，因为他们本来可以在波斯人相对开明的政治统治下安享经济繁荣的。但是这场起义最终还是被强大的波斯帝国镇压。作为始作俑者，米利都城被波斯军队夷为平地，男人们遭到屠杀，而妇女和儿童则成为奴隶。

然而波斯人的胜利并没有持续太久。这场起义虽然失败了，但它却成为一场更大规模的希波战争的导火线。公元前 480 年和公元前 479 年，希腊联军先后在萨拉米斯海战和普拉提亚会战中击败了波斯入侵者。米利都随即获得解放。原本分散到各地的米利都居民回到故里，着手重建家园。

新米利都城的设计一般被认为也是由本地出生的希波丹姆斯完成，或是受到他的影响。他将城市居民区划分为三个部分，相互之间以两个互相呈直角分布的广场和公共建筑群分隔开。每个居住区都被严格按照几何模数划分为若干个整齐划一的街区，即使是在海岸和山地这样多变的地形上也不例外。

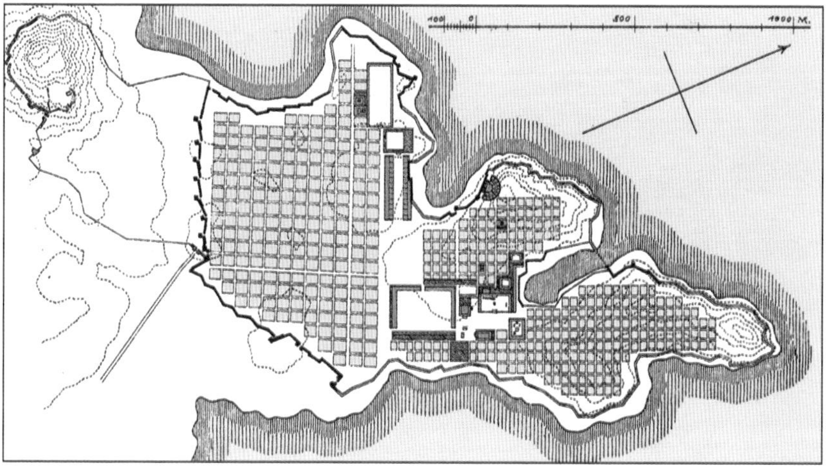

米利都（地图：A. Gerkan）

中世纪以后，这座城市所在的海湾逐渐淤积，城市失去了港口的便利，周围环境也早已因为过度砍伐和放牧而产生严重土壤退化，城市最终被废弃了。

## 18-6 普利恩尼



与米利都隔着如今已经完全淤平的海湾相望的普利恩尼（Priene）也是爱奥尼亚人最早建立的十二个城邦之一，后来也被波斯人统治。希波战争之后，虽然爱奥尼亚获得了解放，但到了公元前4世纪的时候，由于希腊世界深陷内战之中，小亚细亚沿岸重新又

普利恩尼复原图（作者：Zippelius）

落入波斯帝国手中。

大约在公元前 355 年前后，波斯帝国驻卡里亚（Caria，管辖小亚细亚的西南部地区）总督摩索拉斯（Mausolus）决定重建普利恩尼。新城也是按照希波丹姆斯的规划思想进行设计。这座城市不大，建在一个山坡上，东西方向有六条街道，南北方向有 15 条，相互交错，将城市划分成约 80 个整齐的街坊。包括剧场、神庙、广场以及体育场在内的主要公共建筑分成四组布置。

这座城市后来也是因为海湾淤塞而被废弃。城市中的公民议事厅（Bouleuterion）是这座城市保留下来最完好的公共建筑，是希腊城市政治生活的生动写照。它是一个长 21 米、宽 20 米的有顶的矩形会场，三面是阶梯状座椅，左右各 10 排，中央 16 排，可容纳 640 人开会议事。

普利恩尼剧场遗迹

普利恩尼的雅典娜神庙遗迹

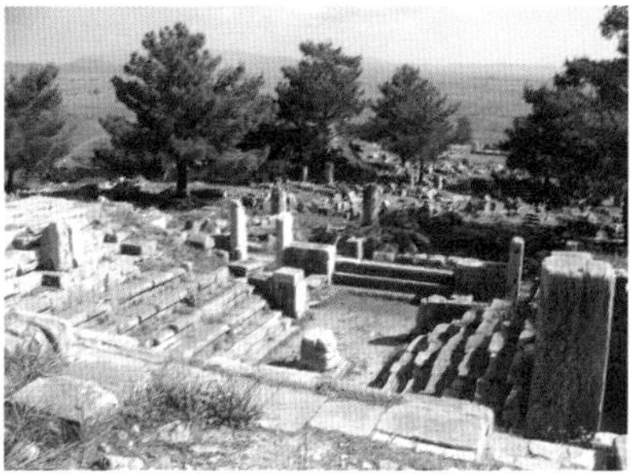

普利恩尼的公民议事厅遗迹

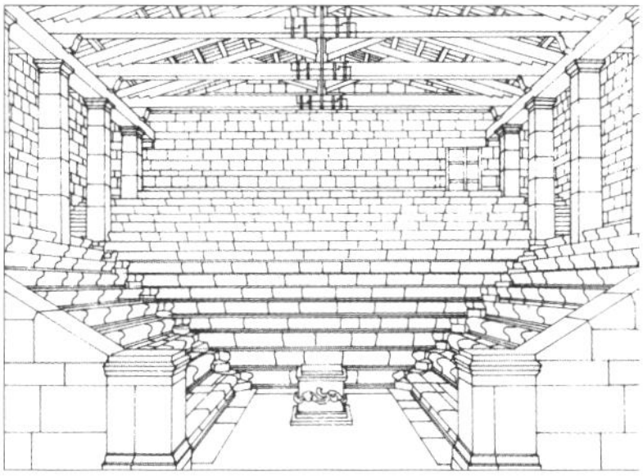

普利恩尼的公民议事厅复原图（图片：Schede）

## 18-7 哈利卡纳苏斯

这位卡里亚地区波斯总督摩索拉斯的驻节地是在爱奥尼亚南方的多利安人殖民地哈利卡纳苏斯（Halicarnassus），历史学家希罗多德就出生在这里。

公元前 353 年，摩索拉斯去世。他的妻子阿尔忒米西亚（Artemisia）邀请来当时希腊世界最有名的雕塑家斯哥帕斯（Scopas）等四位艺术家联合创作了他的陵墓。它的总高约 45 米，下方是一个巨大的长方形基座，其上是一座周围有 36 根柱子（每边 10 根）的爱奥尼克风格神庙，最顶上是一座

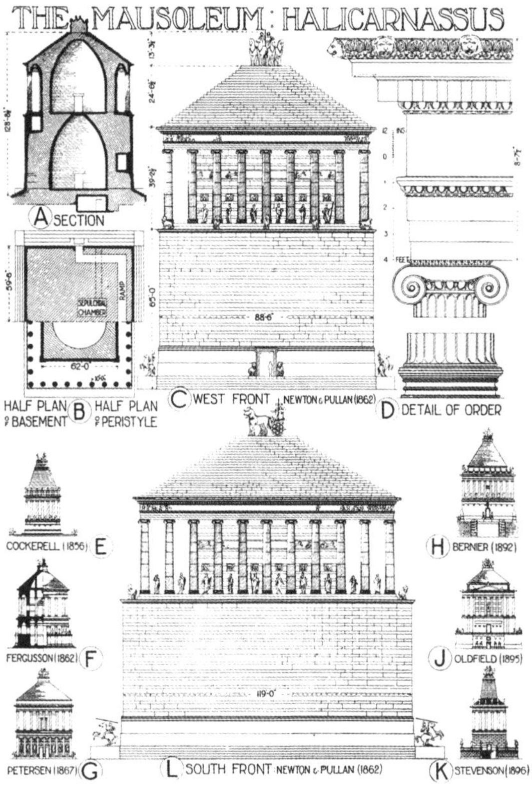

摩索拉斯陵墓，下图两侧是关于陵墓造型的不同猜想（作者：B. Fletcher）

金字塔。在建筑的表面以及柱间都做有雕像或者浮雕，金字塔顶端是摩索拉斯和阿尔忒米西亚并肩驾驭的四马战车。

陈列在大英博物馆的两尊雕像，据信为摩索拉斯夫妇

这座用当代最杰出的雕塑家所创作的将近 300 尊雕像堆砌出来的陵墓，当之无愧地成为古代世界七大奇迹之一。它给那个时代的人们留下极为深刻的印象，以至于摩索拉斯的名字日后竟然演变为西方语言中的陵墓专用词“Mausoleum”。

摩索拉斯陵墓遗址

这座建筑一直保存到 15 世纪末。当时圣约翰骑士团（Order of Saint John）控制了这一带的沿海地区。为了修建城堡以抵抗奥斯曼土耳其帝国的进攻，他们彻底拆除了这座建筑。

# 第十九章 希腊古典时代的雕塑和绘画

“所有其他雕像都是石头做的，只有这些是有血有肉的。”



## 19-1 雕塑

皮格马利翁和伽拉忒亚（作者：J. L. Gerome）

希腊神话中有一个非常动人的故事，说是地中海东部的塞浦路斯（Cyprus）国王皮格马利翁（Pygmalion）用象牙雕刻了一尊少女雕像。他的雕刻技巧是如此精湛，以至于竟然让自己深深地爱上了这座雕像。他给雕像取了名字，每天拥抱“她”，亲吻“她”，跟“她”说话。但“她”始终是一座冷冰冰的雕像。不堪受单相思煎熬的皮格马利翁去请求爱与美之神阿芙洛狄忒（罗马神话称之为维纳斯 Venus）帮助，他的真情感动了女神。当皮格马利翁回到家中再次凝望雕像时，雕像竟然活了起来，变成了一位真正的美丽少女。[50]

雕塑艺术在希腊古典时代发展到完美的顶峰，其所树立的标准在后来的岁月里被一再地模仿和复兴。

公元前 7 世纪，通过贸易交往，埃及的雕塑艺术开始传入刚刚度过黑暗时代的希腊，希腊艺术家开始尝试创作大型的人物雕像。刚开始，希腊人还无法摆脱老师的风格，只要将大约创作于公元前 580 年的《阿尔戈斯的克列欧毕斯和比顿》（Kleobis and Biton of Argos）㊀这两尊雕像与以前我们介绍过的埃及门卡乌拉法老与皇后像（本书第 77 页）做一个比较就可以发现，希腊雕像所采用的站姿几乎与埃及老师一

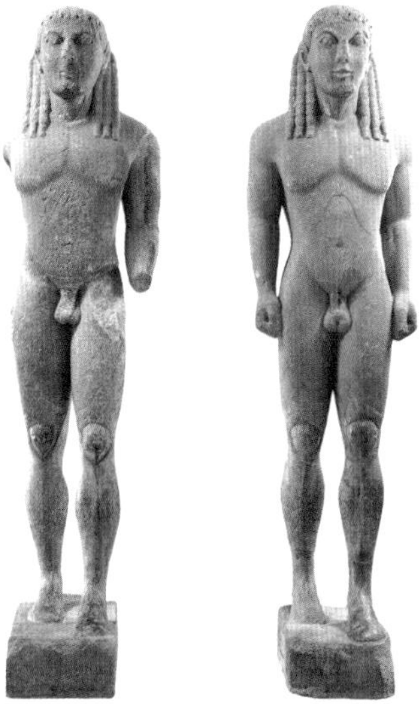

阿尔戈斯的克列欧毕斯和比顿（作者：Polymedes of Argos）

㊀ 根据希罗多德的讲述，当吕底亚国王克洛伊索斯向希腊贤人梭伦询问谁是世界上最幸福的人时，梭伦举的第二个例子就是阿尔戈斯的兄弟俩。满心以为自己才是最幸福的克洛伊索斯对这个答案很不满意，直要等到临终前他才能够真正体会到幸福的含义。——参见「古希腊」希罗多德：《历史》，第 14~15 页。

模一样。当然两者之间也有很明显的区别。希腊雕像是完全裸体的，这是有别于其他任何一个民族的最大特点。希腊人将健康的身体当成是上天赋予的莫大恩赐，诗人西莫尼季斯（Simonides，约前556—前468）曾说：“人类最佳的事是健康；其次是美的形式和特质；第三是享受非由诈取而得的财富；第四是在朋友间表现有青春的朝气。”[51]两者间区别很大的还有雕刻的技艺，很显然，阿尔戈斯的这两尊雕像是比较拙劣的。

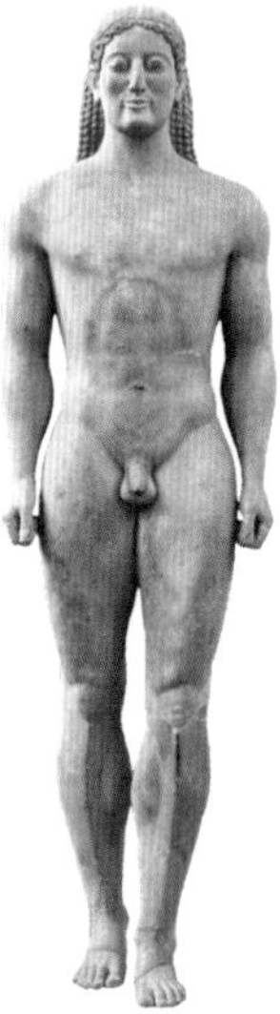

克洛伊索斯青年

但是技巧方面的学习对于希腊人来说并不难，他们很快就追赶上来。差不多50年后，大约作于公元前530年的《克洛伊索斯青年》（Kroisos Kouros）就雕刻技巧而言，已经完全达到了埃及的标准。

克里蒂乌斯男孩

但是希腊人并不满足于此，他们要超越2000年前的老师。又过了50年时间，后来在雅典卫城上出土的《克里蒂乌斯男孩》(Kritios Boy，约作于前480年，据说为雕塑家克里蒂乌斯所作，并因此得名）就是一件开始超越埃及传统的优秀作品。詹森评价说：“这是我们所知道第一个能完全自然地‘站起来’的雕像。”把这座雕像与之前的《克洛伊索斯青年》作比较，两个雕像虽然都是两条腿一前一后站立的姿势，但是《克洛伊索斯青年》他的身体重心是刚好落在两腿之间，全身重量由两条腿平均承担，肩膀和髋关节都恰好保持水平，身体从上到下是笔直直立的。我们只要试一下这种站姿就知道，这不是一种正常的站姿，或者用詹森的话说，只能说他“不是横躺、坐、跪或奔跑的姿态”。而《克里蒂乌斯男孩》则不一样，他的身体重心明显是落在左腿上的，右腿呈稍息姿势自然向前伸出，因而身体呈现出S形的曲线。詹森说：“因此，《克里蒂乌斯男孩》在我们看来不但是站着，而且站得非常舒服自然。”从这尊《克里蒂乌斯男孩》开始，希腊雕塑家完全掌握了塑造自然轻松且充满活力的人物的技巧，从此，“生命开始表现在雕像的整个身体上。”[52] 这是希腊雕塑与埃及雕塑分道扬镳的岔路口，希腊雕塑家从此进入属于自己发现和创造的新天地。

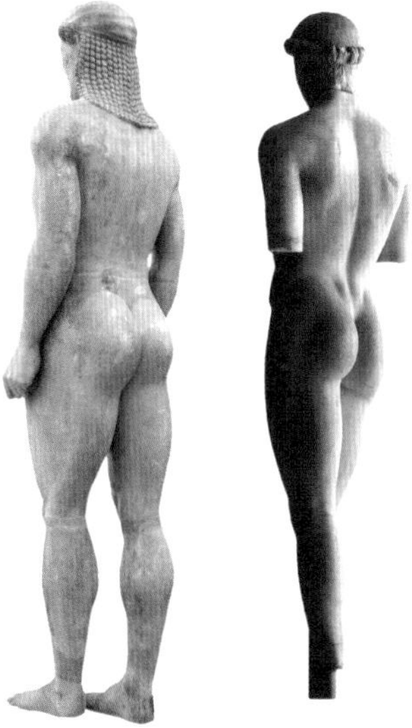

右为克里蒂乌斯男孩，其肩膀与臀部显然是不平行的，是稍息的姿势，而左边的克洛伊索斯青年肩膀与臀部则是完全水平的



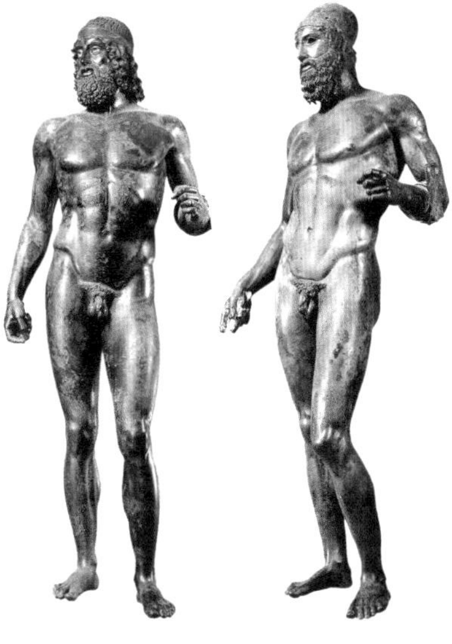

里亚切武士

1972年，一位潜水爱好者在意大利半岛最南端的里亚切（Riace）沿海潜水时，意外地在水下6米多深的地方发现了两尊青铜制作的武士雕像（Riace Bronzes）。经过仔细的清理和

辨别，今天一般认为这是由希腊人大约在公元前 460—公元前 450 年之间铸造的，可能是在后来罗马人征服希腊之后掳获并运往罗马途中失事沉没，因此成为极少数能够幸存至今的希腊时代青铜雕像之一。这两座雕像都是采用稍息站立的姿势，其对人体结构的深刻理解较以往的任何作品都远胜一筹。



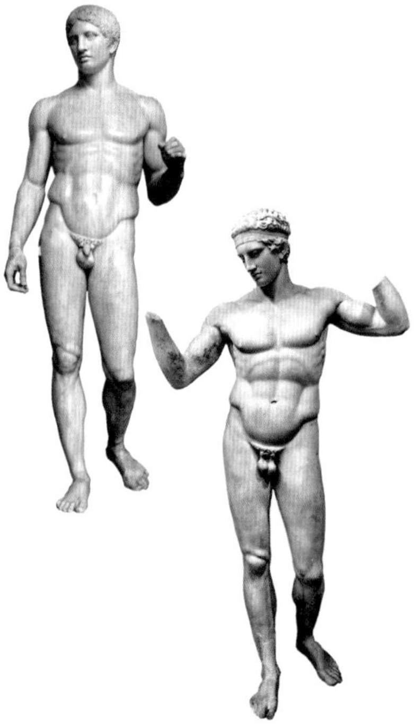

左为持矛者，右为束发青年

希腊艺术家对人体姿势和结构的表现技巧在公元前 5 世纪下半叶达到了完美境地。由著名雕塑家波留克列特斯( Polykleitos ) 创作的《持矛者》( Doryphoros，约作于前 440 年，原作为青铜，现存为罗马时代大理石复制品) 和《束发青年》( Diadumenos，约作于前 420 年，这位运动场上的胜利者正准备接受光荣的桂冠，原作为青铜，现存为罗马时代大理石复制品) 都堪称是后世古典人体美的标准。㊀ 考虑到它们仅仅是罗马人的仿制品，原作

㊀ 据说有一次波留克列特斯与菲狄亚斯等四位雕塑家一起参加为以弗所的阿尔忒弥斯神庙举行的雕塑竞赛，评委就由他们五人担当。结果，他们每一个人都将自己的作品评为第一，而除波留克列特斯外的四人都将波留克列特斯的作品评为第二，波留克列特斯因此获得优胜。——参见：「古罗马」Pliny the Elder.Natural History[M].XXXIV.c.19.

又将怎样精彩呢？雕塑艺术史上黄金般的时代到来了。

掷铁饼者

当希腊人解决了人体平衡的问题后，他们就开始大胆尝试动作的姿态。由著名雕塑家米隆（Myron）创作于公元前450年的《掷铁饼者》（Discobolos，原作为青铜，现存为罗马时代大理石复制品）就是一件这样的作品，将人物动态塑造得淋漓尽致。

垂死的尼俄柏

大约作于公元前440年的《垂死的尼俄柏》（Dying Niobid）第一次将人的真实情感表现在大理石上。尼俄柏是底比斯的王后，因为在阿波罗和阿尔忒弥斯的母亲面前炫耀自己的七子七女而招致报复[53]，她的子女在她的面前被逐一射杀，而她自己最后也中箭倒地。这座雕塑表现的就是她倒地的一瞬间，本能地伸手去拔背上的箭矢，她的外衣因为突然的动作而滑落——这是希腊最早的大型女性裸体像。在她的脸上，每一个观众都可以体验到那种忽然间失去一切的茫然以及牺牲者的可悲命运。

雅典帕提农神庙东山墙山花雕刻局部

由菲狄亚斯主持的帕提农神庙雕塑群是古典时代最杰出的雕塑作品，无论是动作的自在，体格的健康，还是如流水般婉转的衣褶表现，无不代表着雕塑艺术的最高水准。18 世纪意大利雕塑家 A. 甘诺瓦（A. Canova）不无夸大地赞美说："所有其他雕像，都是石头做的，只有这些是有血有肉的。"[54]

系鞋带的胜利女神

同样具有极高艺术感染力的还有为雅典卫城胜利女神庙栏杆而作的浮雕《系鞋带的胜利女神》（Nike Adjusting Her Sandal，约作于前 410 年）。女神在走路时突然抬脚系紧鞋带。贡布里希（Sir E. Gombrich）描述道："这一骤然停步描摹得多么迷人，薄薄

的衣饰下垂裹住美丽的躯体，又是多么柔和、多么华丽！”[55]

公元前 4 世纪，雕塑艺术在自然主义的人体表现方面继续向前迈进。这个时期最有名的雕塑家包括创作哈利卡纳苏斯的摩索拉斯陵墓雕像群的斯哥帕斯，以及普拉克西特列斯（Praxiteles）和留西波斯（Lysippus）。

公元前 360 年左右，科斯岛（Kos，位于爱琴海东南方）委托普拉克西特列斯创作一件爱与美之神阿芙洛狄忒像。当艺术家拿出他的作品的时候（原作为大理石，现存为罗马时代复制品），科斯人惊呆了，因为从来没有人敢把女神雕刻成一丝不挂的样子。他们愤怒地拒绝了这尊雕像，要求艺术家另外创作一件穿衣服的女神像。这尊希腊历史上第一个全裸女像后来被邻近的尼多斯人（Cnidus）买去。尼多斯人非常喜爱这尊雕塑，以后哪怕自己债台高筑，也绝不愿意出售这件作品。他们甚至特意将这个形象制作在他们的钱币上。

尼多斯的阿芙洛狄忒（Aphrodite of Cnidus）

尼多斯钱币上的这尊阿芙洛狄忒像

赫尔墨斯和小狄奥尼索斯

刮汗垢的运动员



1877 年德国考古队在希腊奥林匹亚赫拉神庙发现了一尊雕像，许多人认为这是普拉克西特列斯的原作《赫尔墨斯和小狄奥尼索斯》（Hermes and the Infant Dionysus），但也有人表示怀疑，认为可能只是一件高仿的作品。

留西波斯则是唯一得到亚历山大大帝本人认可的头像雕刻家，本书第 268 页的亚历山大头像据说就是留西波斯雕像的复制品，应该是非常接近这位历史上最伟大的征服者的形象。留西波斯的存世名作还包括《刮汗垢的运动员》（Apoximenos，原作为青铜，现存为罗马时代复制品），雕像右手前伸，这就使得观赏者不能仅仅从正面而需要从一种更加整体的角度欣赏作品。

这个时代的传世名作还包括莱奥卡雷斯（Leochares）创作的《贝尔维德的阿波罗》（Apollo Belvedere，约作于前 325 年，原作为青铜，现存为罗马时代大理石复制品）。18 世纪的时候，这座雕像曾经被德国艺术史家 J. J. 温克

尔　曼（J. J. Winckelmann, 1717—1768）当成古典时代完美艺术的化身，受到 J. W. 歌德（J. W. Goethe, 1749—1832）、F. 席勒（F. Schiller, 1759—1805）和拜伦的推崇。

贝尔维德的阿波罗

公元前 3 世纪以后，雕塑家们日益关注个人情感的表达，追求夸张和戏剧般的表现效果。这个时期著名的作品包括约作于公元前 2 世纪初的《萨莫色雷斯的胜利女神》（Samothrace，位于爱琴海北部）和约作于公元前 1 世纪《拉奥孔》（Laocoon，特洛伊的祭司，因试图劝阻特洛伊人将希腊木马拖进城而被支持希腊一方的雅典娜派出海蛇绞杀）等。

萨莫色雷斯的胜利女神

为什么在各个古代民族中，只有希腊人能够创造出这样的成就呢？一般认为这是与希腊人对自然与众不同的态度密切相关。希腊人安于物质世界的生活，对自然万物的造型特征、形式、色彩和运动都有强烈的感受，自然万物对希腊人来说从不是可怖可惧的。正如英国艺术史家 H. 里德（H. Read，1893—1968）所说，

拉奥孔

从自然万物之中，希腊人“获得了一种堪称吉祥如意的宗教式的静穆，他们摆脱了对外在世界的恐惧。因此，他们的艺术也就表现出他们对于这个世界的友善态度。人类到这时才终于发现了隐含在周围一切生物中的美，同时，想借助艺术来表现这种美，表现这种生命结构中的节奏特征。”[56]



这些希腊雕像主要是用来装点神庙、广场、柱廊等各种公共建筑以及私人住宅的。但它们对于人类的价值远不仅仅只是用来点缀生活。柏拉图（Plato，前427—前347）说：“我们不是应该寻找一些有本领的艺术家，把自然的优美方面描绘出来，使我们的青年们像住在风和日暖的地带一样，四围一切都对健康有益，天天耳濡目染于优美的作品，像从一种清幽境界呼吸一阵清风，来呼吸它们的好影响，使他们不知不觉地从小就培养起对于美的爱好，并且培养起融美于心灵的习惯吗？”[57]正是在这样一种美的环境熏陶下，希腊人才能在各个方面都取得这么大的成就。

柏拉图（头像是根据前370年希腊原作所做的罗马复制品）

## 19-2 绘画

希腊的绘画艺术在古典时代也达到了很高的水平，后来的罗马学者老普林尼（Pliny the Elder，23—79）曾经在他的名著《自然史》（Natural History）中以比雕塑更多的篇幅来介绍希腊绘画以及画家们的趣闻轶事。但非常遗憾的是绘画较建筑和雕塑更难以保存，留存下来的有价值的希腊绘画实在是少之又少。

公元前5世纪希腊世界最了不起的画家是波利格诺图斯（Polygnotus）、阿波罗多罗斯（Apollodorus）、帕尔哈希乌斯（Parrhasius）和宙克西斯（Zeuxis）。

波利格诺图斯曾在雅典广场北端的彩绘柱廊（参见本书188页雅典广场平面图）上绘制了一幅壁画《特洛伊之劫》（The Sack of Troy）。画家并没有直接去表现希腊联军攻陷特洛伊的战争场面，而是去刻画战争结束之后满目疮痍的萧瑟场景，画面中的那些经历了10年艰苦战争而幸存下来的人都已经筋疲力尽，看不出有任何的胜利喜悦。整幅画充满了对战争的反思。由于他的画作是如此的出色，希腊近邻同盟（Amphictyonic League）做出决定，以后不论他前往希腊的任何地方，一切旅费都由公家承担。

《特洛伊之劫》，由法国画家 C. Robert 根据波利格诺图斯在希腊德尔斐所做的同名画作残片复制于1893年

阿波罗多罗斯则是第一位在绘画上采用阴影（Skiagraphia）和明暗变化来加强画面立体感和真实感的画家。他所开创的这种阴影技法被帕尔哈希乌斯和宙克西斯发扬光大。在帕尔哈希乌斯和宙克西斯之间曾经有过一场引人瞩目的绘画比赛。宙克西斯画的葡萄由于使用了生动的阴影表现，看上去就像真的一样，连小鸟都从树上飞下来要去吃它。于是宙克西斯信心满满地催促帕尔哈希乌斯赶紧将他画上罩着的幕布拉开以便评判，可是哪想到这布本身竟然就是画作！

帕尔哈希乌斯与宙克西斯比赛（作者：J. von Sandrart）



帕尔哈希乌斯曾经创作了一幅《雅典人民》，将雅典人既冷酷又慈善、既骄傲又谦恭、既凶猛又怯弱、既浮躁又雍容的特点忠实地刻画出来。雅典民众由此画作才第一次领悟到原来自己竟然具有如此复杂而矛盾的性格。

『跳水者之墓』墓盖

1968 年，考古学家在意大利帕埃斯图姆发掘出一座大约建于公元前 470 年的希腊殖民者之墓，以其墓盖上所画的跳水人物

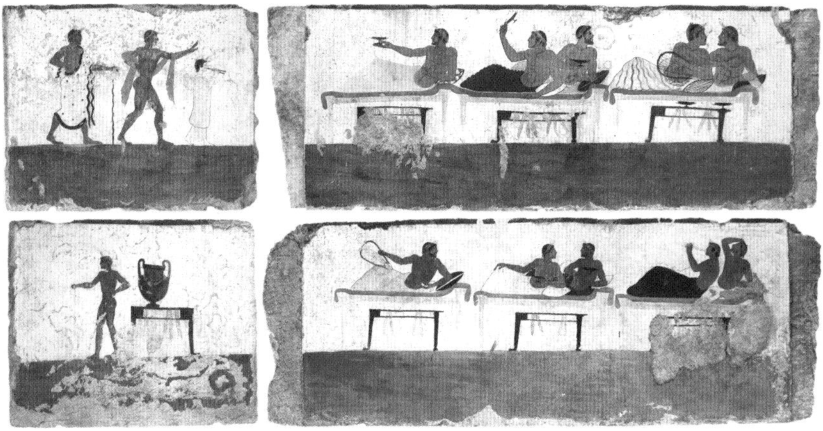

『跳水者之墓』四壁壁画



命名为“跳水者之墓”（Tomb of the Diver）。这座墓室长 2.15 米、宽 1 米、高 0.8 米，包括墓盖在内，四壁均作有壁画。这是迄今所发现的唯一完整的公元前 5 世纪希腊壁画作品。无名艺术家在这里以鲜活的手法将一场贵族酒会生动地展现出来，诠释了生命与死亡、爱情与友谊、喜悦与悲伤的哲理。

公元前 4 世纪最有名的画家叫作阿佩莱斯（Apelles）。老普林尼在他的《自然史》中记载了一个有趣的故事。有一次阿佩莱斯去拜访画家普罗托格尼斯（Protogenes）却未能相遇，他在主人家的画纸上用笔勾出一道极细的线条之后就回去了。普罗托格尼斯到家后立刻就猜出来访者的身份，但他对阿佩莱斯有所不服，就在旁边勾出一条更细的线。过了一段时间，阿佩莱斯又来拜访却还是扑空，于是就在前两道线之间画上第三道超细的线。主人回来后自愧不如，就此作罢。这幅只有三根线的画被当成杰作而传世，后来被恺撒（Julius Caesar，前 100—前 44）收藏，不幸在公元 1 世纪毁于大火。阿佩莱斯后来成为亚历山大的宫廷画家，有一次亚历山大在他的画室里以艺术为题高谈阔论，阿佩莱斯实在是听不下去，最后不得不求他换个题目，免得正在磨颜料的小孩都笑他班门弄斧。亚历山大

绘于庞贝遗址的《维纳斯的诞生》



虚心地接受了这个建议。阿佩莱斯的原作都没有保留下来，但是在意大利庞贝（Pompeii）古城遗址所发现的一幅壁画《维纳斯的诞生》（Venus Anadyomene，罗马神话中的维纳斯就是希腊神话中的阿芙洛狄忒）据信是临摹自阿佩莱斯的同名画作，他的原画被罗马皇帝奥古斯都（Augustus，前 27—公元 14 年在位）买到罗马去装饰神庙。一千多年后的文艺复兴时期，有许多画家包括 S. 波蒂切利（S. Botticelli，1445—1510）和提香（Titian，1488/1490—1576）都曾经根据老普林尼对阿佩莱斯这幅画的描述重画了这幅画（当时庞贝城因被火山掩埋还没有被发现）。

## 19-3 瓶画

虽然与雕塑、绘画这样的“正宗”艺术形式相比，作于陶器表面的瓶画给人有点“雕虫小技”的感觉，但是希腊的瓶画确实有它独到的艺术魅力，有足够的资格在艺术史的殿堂上占据重要的一席之地。

迈锡尼社会解体之后，由于陶器所具有的不可替代的使用价值，因此即使在黑暗时代陶器也没有停止过生产。这个时期的陶器表面常见由一系列平行的线条、同心圆、三角形、十字形等组成连续重复图案，被称作“几何风格”（Geometric Style）。

希腊几何风格陶器（一）（约作于前9世纪）

稍晚一些，到了公元前8世纪左右，在这些几何图案之间，人物和动物的形象又开始得以恢复，但他们也同样被赋予了简单抽象的几何形式。

希腊几何风格陶器（二）（约作于前750年）

公元前7世纪，随着希腊世界的复苏，希腊人接触到越来越多埃及和西亚的艺术观念。受他们的影响，动物形象占据了陶器表面越来越多的空间，而且又重新开始追求写实的效果。由于许多动物的形象本身就来自于东方（埃及、西亚相对于希腊为东方），因此人们将这一时期的瓶画风格称为“东方风格”（Orientalizing Style）。

希腊东方风格陶器（约作于前650年）

公元前6世纪以后，尘世风

俗与人物故事逐渐成为希腊瓶画的主要题材。在这样的瓶画中，我们不仅可以欣赏其精美的艺术表现，而且也可以借以了解当时社会发展的许多细节特征，是极为珍贵的史料。

珀琉斯的婚礼（Wedding of Peleus），由第一位署名的瓶画家索菲洛斯（Sophilos）约作于前580年

这个时期的瓶画主要为所谓的“黑彩”陶器（Black Figure）。艺术家通过控制不同细密程度的含铁陶土在烧制时的氧化、还原和再氧化反应，用能够再次氧化变红的粗颗粒陶土做底色，用高温还原后因烧结不会再次氧化而发黑的细颗粒陶土表现人物剪影，而以红线勾画细节。

狄俄尼索斯与女祭司（约作于前540—前530年）

这个时代最出色的瓶画家是所谓的“阿马西斯画家”（Amasis Painter）和埃克塞基亚斯（Exekias）。“阿马西斯画家”是以制陶匠人的名字命名，从这个名字来看，画家本人可能来自埃及。他所创作的《狄俄尼索斯与女祭司》对人体结构和衣饰有十分准确的刻画，同时画面布局较为开放，不再像从前那样用各种图案堆满画面。

《阿喀琉斯与埃阿斯下棋》是埃克塞基亚斯的代表作之一，表现两位大英雄在特洛伊大战间歇忙里偷闲，看似和平的外表下隐藏着不祥的杀机。

阿喀琉斯与埃阿斯下棋（约作于前540—前530年）



大约在公元前520年，一位叫作安都凯德斯（Andokides，可能是埃克塞基亚斯的学生）的瓶画家突发奇想，别出心裁地在一件黑彩陶器的背面作了一幅黑红颠倒的瓶画《赶牛的赫拉克勒斯》，从而开启了“红彩”（Red Figure）陶器新时代。相比黑彩画法，这种红彩画法更适于表现人体结构和衣服质感，也更能表达人物的情感。

赶牛的赫拉克勒斯

红彩时代也出

萨尔珀冬之死（约作于前515年）

饮酒狂欢者（约作于前510年）

巴尔的摩画家（Baltimore Painter）作于前320—前310年



了许多优秀人才，欧夫罗尼奥斯（Euphronius）被认为是其中最出色的一位。《萨尔珀冬之死》（Sarpedon，宙斯的私生子，加入特洛伊一方作战战死）是他的代表作之一。

不过与他同时代的欧西米德斯（Euthymides）显然对此并不买账，他在自己的一件作品《饮酒狂欢者》上面骄傲地写道："这是欧西米德斯所绘，绝非欧夫罗尼奥斯所能及。"[58] 欧西米德斯确实有他可以骄傲的地方，比如在他画中，人物的上半身不再像埃及传统那样呈现扭曲的形态，而是自然地表现出四分之三侧面，这是一个很大的进步。

红彩画法的发明使瓶画家有了充足的舞台可以供他们大显身手。公元前5世纪以后，红绘陶器遍布希腊世界，人物表现越来越成熟，构图越来越灵活，色彩越来越丰富，装饰也越来越华丽。

还在红绘法流行的时候，就有瓶画家尝试所谓的"白地"

右为费埃尔画家（Phiale Painter）作于前 440—前 430 年，左为布赖格斯画家（Brygos Painter）作于前 490—前 480 年

（White Ground）画法，用不含氧化铁因而不会变色的白色高岭土覆盖画面，在完全的白色背景下，用线条勾勒出人物细节。这种新技法在公元前 5 世纪以后也有很大的发展。

# 第二十章　从马其顿王国到亚历山大帝国

“山不走到我这里来，我就走到它那里去。”



## 20-1　伯罗奔尼撒战争与希腊世界的衰落

希腊的黄金时代终结于公元前 5 世纪末。希波战争胜利之后不多久，雅典与斯巴达就反目为敌，时常发生摩擦冲突，最终在公元前 431 年演变为各自联盟的大决战，史称伯罗奔尼撒战争（Peloponnesian War）。这场毁灭性的内战断断续续持续了将近 30 年的时间，整个希腊世界都深陷其中而元气大伤。公元前 404 年，雅典战败投降。

伯罗奔尼撒战争时的希腊世界，红色为雅典同盟，绿色为斯巴达同盟

但是之后的希腊世界并没有就此消停，各股势力之间仍然不断地相互征战。许多城邦因为无法承受战争所导致的重大人员伤亡，于是纷纷招募雇佣军，或者花钱消灾。这样一来，原本为希腊世界引以为傲的独立、自由和尚武精神渐渐消散。为求得外援，公元前387年，希腊世界最骄傲的城邦斯巴达竟然与波斯帝国达成协议，将小亚细亚沿海的各个希腊城邦连同土地上的希腊人民一道拱手送还波斯。马拉松、温泉关和萨拉米斯的光荣从此不再。



20-2

## 马其顿的崛起

位于希腊北方山地中的马其顿王国（Macedonia）[1]是一个深受希腊文化影响的国家，在公元前359年腓力二世（Philip II，前359—前336年在位）成为国王以后迅速走上了军事扩张的道路。公元前338年，腓力二世一手训练出来的马其顿军队征服了内乱中的希腊各城邦。

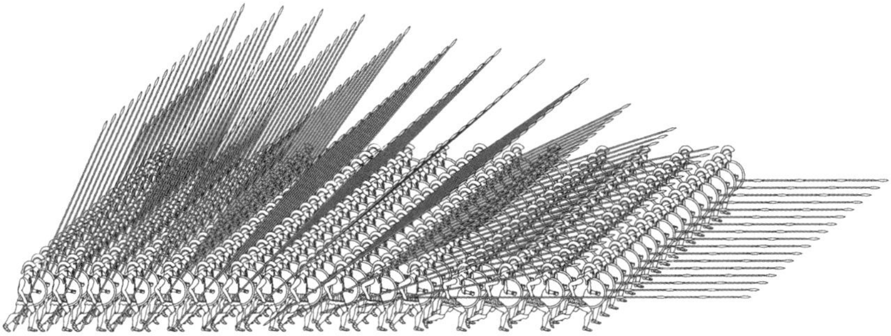

马其顿方阵（作者：E. Babnik）

[1] 腓力二世之前的古马其顿王国所控制的地区主要位于今天的希腊北部以及北马其顿共和国的南部。罗马时代以后，“马其顿地区”所代表的范围有所扩大，包括今天北马其顿全境以及保加利亚、塞尔维亚和阿尔巴尼亚的部分地区。

# 20-3 艾加伊

腓力二世墓

1977年，考古学家在马其顿古城维尔吉纳（Vergina）发现了包括腓力二世在内的几位马其顿王族的陵墓。维尔吉纳在当时被称为艾加伊（Aigai），是马其顿王国第一个首都，后来当首都迁往他处后，这里仍然被当作宗教中心。公元前336年，腓力二世在这里参加女儿婚礼时遇刺身亡。

强夺珀耳塞福涅

在这些墓室里，有一些壁画比较好地保存下来，其中一幅画的是冥王哈得斯（Hades ）强夺农耕女神得墨忒耳（Demeter）之女珀耳塞福涅（Persephone），被认为是这个时期有名的画家尼可马科斯（Nikomachos）的作品。

## 20-4 佩拉

公元前4世纪初，马其顿王国将首都迁往佩拉（Pella）。在这里，他们用希波丹姆斯式的城市规划模式，围绕着一个方形的中央大广场进行网格化的城市设计。宫殿位于城市的北面。

在这座城市的遗址上，有一些马赛克镶嵌画被很好地保存下来。这种镶嵌画早在公元前5世纪就已问世，用经久耐用不易损坏的彩色小石子代替颜料“作画”，不仅可以用来装饰墙壁，也可以用来铺设地面，使人可以行走在画上，极大地丰富建筑的装饰效果，在后世极受欢迎。

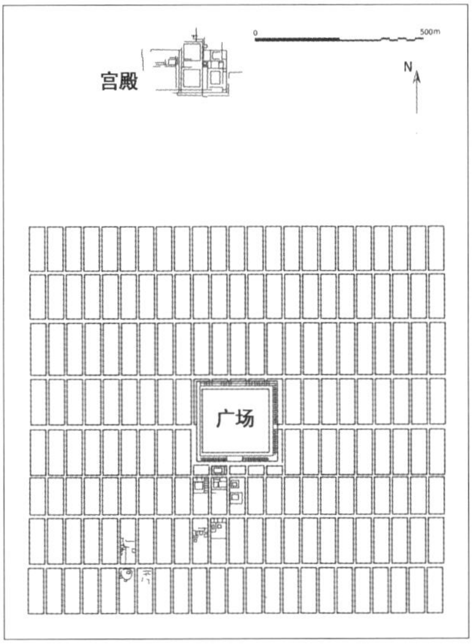

佩拉古城平面图

佩拉古城遗迹

佩拉古城中的马赛克镶嵌画

## 20-5 亚历山大出征

亚历山大（头像约作于前2世纪，可能是留西波斯原作的复制品）



公元前336年，腓力二世的儿子亚历山大（Alexander The Great，前356—前323）成为马其顿国王，时年20岁。13岁的时候，他的父亲为他请来希腊大哲学家亚里士多德（Aristotle，前384—前322）做老师。在亚里士多德的教导下，亚历山大接受了良好的希腊式教育，与此同时，也萌生了要去征服波斯，为一百多年前希腊所遭受的入侵报仇雪恨的念头。

在首先制服了马其顿北方多瑙河沿岸各蛮族部落并且平定了希腊城邦叛乱之后，公元前334年初，亚历山大率领由30000步兵和5000骑兵组成的马其顿—希腊联合远征军（其中包括12000名希腊步兵和少量骑兵）从家乡出发，毅然渡过分隔欧亚的赫勒斯滂海峡（今达达尼尔海峡），踏上东征之路。㊀在他所乘坐的希腊舰队第一艘战舰即将靠岸之时，亚历山大站在船首奋力向亚洲陆地投掷出他的长矛，以此宣示，向世界上最强大的波斯帝国宣战。

㊀ 据说，在出发前，亚历山大将自己的全部财产都拿出来用以资助亲朋好友装备战马盔甲，给自己留下的只有“希望”。——「美」西奥多·道奇：《亚历山大战史》，第177页

20-6

## 伊苏斯会战

1831 年 10 月 24 日，考古学家从意大利庞贝古城遗址一处住宅的地板上清理出一幅壮观的马赛克镶嵌画。这幅在公元前 100 年左右、由大约 150 万块小石子拼成的“画作”改编自公元前 310 年前后希腊画家菲罗克西诺斯（Philoxenos）创作的壁画。画面表现了公元前 333 年在小亚细亚半岛东南转折部所进行的伊苏斯会战（Battle of Issus）中，亚历山大奋勇冲进波斯军阵，直捣波斯皇帝大流士三世（Darius III，前 336—前 330 年在位）帐前的场景。画家将亚历山大大无畏的英雄气概，以及大流士在惊慌逃跑的同时又痛切关注为保护他而英勇牺牲的下属的复杂心情作了极好的艺术再现。任何人都难免一死，只有艺术能够让人死而复生！

伊苏斯会战

# 20-7 推罗

伊苏斯会战中的亚历山大

骑兵出身的亚历山大一开始可能并未充分认识海军在地中海地区作战时的极端重要性，等到他在几场重要的海港争夺战中意识到这个问题时，他却做出了一个非同凡人的决定。他不愿意将命运掌控在自己所不熟悉的海军战斗上面，而是决心要从陆地上夺取地中海东部的全部港口，通过占领敌人的海军基地达到“消灭”敌人海军的目的，最后再去与失去了海军的波斯决战。经过一年多艰苦卓绝的战斗，其中包括与波斯陆军主力两次大规模的陆上会战，亚历山大终于成功占领了小亚细亚和叙利亚的全部海岸线。在地中海东海岸，只剩下老牌航海民族腓尼基人所生活的推罗（Tyre）[㊀]等极个别城市不肯向他屈服。

亚历山大到来前的推罗城（作者：B. Balogh）

推罗位于今天的黎巴嫩南部一座距离海岸不到1公里的小岛

㊀ 或译为提尔、泰尔。中文《圣经》中将其称为推罗。阿拉伯人称之为苏尔（Sur）。

上。该城大约建于公元前 1300 年，当时是地中海东岸最重要的商业城市。当亚历山大大军到来时，推罗人同意向亚历山大称臣，愿意提供舰队帮助亚历山大作战，但却坚决拒绝亚历山大和他的军队入城，因为他们不愿意因此失去最可贵的自由。

公元前 332 年 1 月，亚历山大下定决心，要用陆上战斗的方式攻克这座海上堡垒。他下令建造一条宽达 60 米的堤坝直取推罗岛，两侧用木桩打入海床，中间则用石头沙土填充。为了对付推罗人从城墙上居高临下发射的矢石，亚历山大在堤坝对着推罗的尽端建造了两座 50 米高的攻城塔。攻守双方都使出了浑身解数，希腊世界和腓尼基人最好的工程师全都汇集到这个战场，用尽各自的才华发明出各种攻守器械。最终，在得到已经投诚的其他腓尼基城邦和塞浦路斯舰队的协助下，已经坚守了 7 个月的推罗城墙终于被亚历山大从堤坝上运过去的攻城锤击破。亚历山大如愿进入城中。[59]

推罗攻坚战（作者：D. B. Campbell）

亚历山大时代的要塞攻守器械（作者：西奥多·道奇）

推罗现状鸟瞰

这场历史上最著名的要塞攻坚战永久性地改变了推罗的地理特征。由于这条宽阔堤坝的建造，原本流通的海峡被阻断而逐渐淤积。两千多年后，这座推罗城已经与大陆完全融合，成为一座凸出的半岛。



## 20-8 埃及的亚历山大城

占领推罗之后，亚历山大又率军攻陷了波斯帝国在地中海上的最后一座海军基地加沙（Gaza），从而完成了他从陆地消灭波斯海军的既定任务。然后他继续南下，进军波斯控制下的埃及。埃及各城镇望风而降。在埃及首都孟菲斯，他被埃及人尊为新的埃及法老。

用埃及文字书写的『亚历山大』

公元前331年伊始，亚历山大来到尼罗河入海口三角洲西侧的法罗斯岛（Pharos）附近。他决定要在这里建造一座新的港口城市，以促进埃及与希腊世界的

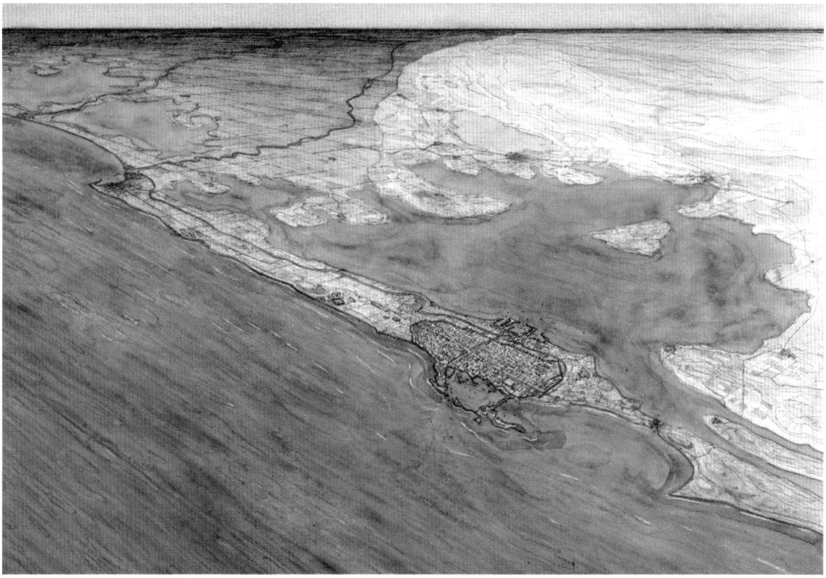

托勒密时代的亚历山大城复原图（作者：J. C. Golvin）



联系。这座新城，就像亚历山大一生先后建立的其他70座城市一样，被以他的名字来命名，叫作亚历山大城（Alexandria）。不久之后，这座城市就发展成为地中海南岸最耀眼的海港，在历史上扮演过许多重要的角色，一直到今天都还保持着繁荣昌盛的景象。

## 20–9 锡瓦绿洲

亚历山大并未停留等待城市建成。他继续西行，然后折向南方沙漠深处的锡瓦绿洲（Siwa Oasis）。在这个地方，他感觉自己得到神灵的引领，要去做全人类的帝王。这是亚历山大人生一个最重要的转折点。在此之前，他接受的是亚里士多德的希腊式教育，世界被分为希腊人和野蛮人，希腊人理所当然优越于野蛮人。可是

锡瓦绿洲，前景右侧为亚历山大接受启迪的阿蒙神庙

现在，他对世界的认识发生了极大的转变，远远地超越了他的老师。亚历山大现在相信，四海之内皆兄弟也。所以他接下来的使命，不再是代表希腊人去征服野蛮人，而是要走到天涯海角，把希腊人、埃及人、西亚人、西徐亚人、印度人，把全人类都统一到一个兄弟般和睦的世界中去。



## 20-10 高加米拉会战

公元前 331 年春，亚历山大离开埃及，朝着他的既定目标继续前行。10 月 1 日这一天，他终于迎来了与波斯帝国的最后决战。波斯皇帝大流士三世倾全国之力，在自己预先选定的高加米拉（Gaugamela）战场集结了至少 20 万步兵和 4.5 万骑兵㊀，以及 200 辆轮毂上装着镰刀的战车，再加上 15 头大象。这是欧洲人第一次在战场上见识大象的

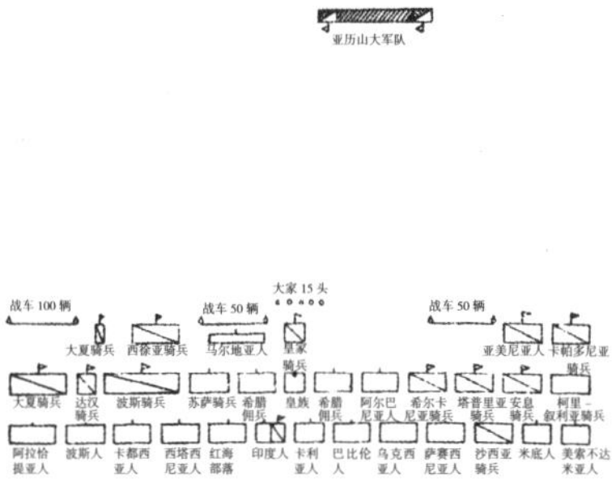


富勒将军绘制的高加米拉会战对阵双方作战序列图（引自《西洋世界军事史》）

㊀ 这是一般认为比较可靠的数字。在古代文献中，有人认为波斯一方派出了 100 万步兵和 10 万骑兵。

威力。与之相比，毫不退缩前来应战的亚历山大手下只有 4 万步兵和 7000 骑兵。这场被富勒将军称为是西方军事史上“最惊天动地的”[60] 生死大战以亚历山大大获全胜告终。

随后，亚历山大迅速进兵夺取西亚中心城市巴比伦和波斯帝国首都波斯波利斯。从公元前 334 年年初出征，只用了不到 4 年时间，曾经赫赫然不可一世的波斯帝国就这样被彻底击垮了。㊀

## 20-11 亚历山大大帝

如果换成任何一个其他人，都会就此收手了，因为旷世奇功已经告成，再往东方去，就是对希腊人来说完全陌生毫无所知的世界了。但是亚历山大给自己定下的目标并没有完成，他还要继

㊀ 在亚历山大急迫追击之下，大流士三世于公元前 330 年被丧魂失魄的部下杀死。

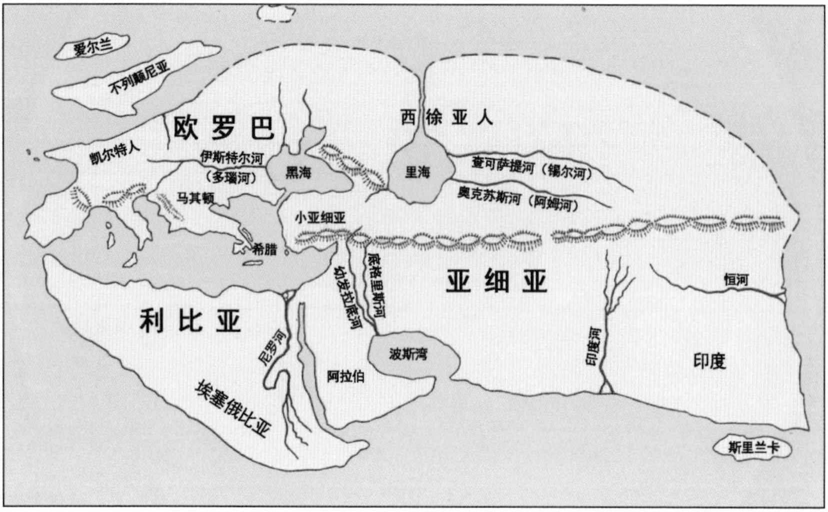


希腊地理学家埃拉托斯特尼（Eratosthenes）公元前3世纪采用地图投影法绘制的世界地图。他是第一个准确测算出地球直径的人



续前行，直要走到天涯海角才肯停下脚步。在接下来的7年时间，他率领由希腊人与当地人组成的联合军队，穿过里海沼泽，翻过帕米尔雪山高原，渡过一条又一条宽阔的河流，一路不停鏖战，战无不胜，攻无不克，制服了沿途所有桀骜不驯的民族，一直打过了印度河，马上就要到达他所认知的天涯海角了。

但是就在这个时候，一路跟着他已经走了3万公里的马其顿老兵们却再也不肯继续走下去了。在兵变的威胁下，亚历山大无可奈何地止住了脚步。他没有回马其顿，也没有回希腊，因为那个地方对他来说已经太小了，已经装不下他的广阔天地了。他把首都设在东方古都巴比伦，然后开始训练新的士兵，准备再次出发去征服未知世界。

公元前323年6月初，身经百战遍体鳞伤的亚历山大突然患上低烧和疟疾。在确定无法治愈后，他在病床上接受了老兵们的最后致敬，于6月10日（或11日）离开人世，终年33岁。他的遗体被安葬在他一手缔造的埃及亚历山大城。

# 第二十一章 希腊化时代

“给我一个支点，我将撬动整个地球。”



## 21-1 继业者

亚历山大去世的时候，他的儿子尚在娘胎之中。在基督教还没有诞生，天授神权的思想还没有降临的那个时代，实力就是最大的信仰。于是那些曾经追随亚历山大南征北战的将领们（历史上称他们为“继业者”Diadochi）就在自己所分管的地盘上割据称王，亚历山大一手打下的庞大帝国顷刻间就解体了。

然而，亚历山大要让天下大同的思想（Homonoia）却并没有随之销声匿迹。那些追随亚历山大行军足迹而被派往东方各地驻扎的希腊人大多留了下来，在亚历山大以身作则带动下，纷纷与当地人通婚，消除了希腊人与东方民族之间的隔阂与仇恨。在他们居住的城市之间，希腊的商人、工匠和学者们往来不绝。从这时起到公元

第四次继业者战争之后的希腊化世界（前 301 年）

前 1 世纪罗马帝国兴起前的三百年间，历史上称之为希腊化时代（Hellenistic Period），从东部地中海一直到阿富汗和印度，原本是各自独立发展起来的西亚文明、埃及文明、地中海文明乃至印度文明，在希腊人商业文明所天然具备的国际主义活力带动下，逐渐融为一个有机整体，奠定了共同的世界观和文化观。

托勒密一世

## 21–2 埃及的亚历山大图书馆和灯塔

亚历山大去世后，他的部将托勒密成为埃及总督，随后就在埃及建立了一个持续将近 300 年的王朝，让古老的埃及文明在希腊活力的激励下迸发出了最后的光芒。

托勒密王朝的首都设在亚历山大城。在这里，托勒密一世一手打造了当时世界上最大的图书馆，成为希腊知识的中心。

亚历山大图书馆复原想象图，具有浓郁的古埃及气息（作者：O. Von Corven）

他还着手在亚历山大港外的法罗斯小岛上建造一座灯塔，由建筑师索斯特拉特（Sostratus）负责，是当之无愧的古代世界七大奇迹之一。这座灯塔大约有 140 米高，与埃及大金字塔不相上下，但其基座仅有 30 米宽，不到金字塔底边宽度的 1/7。中世纪的时候，这座灯塔遭遇多次地震影响，最终在 14 世纪倒塌，其废墟后来被清理并改建为城堡。

2 世纪罗马钱币中的亚历山大灯塔

亚历山大灯塔复原图（作者：AncientVine）

## 罗得岛的太阳神巨型铜像

罗得岛的标志：太阳神赫利俄斯



罗得岛（Rhodes）位于爱琴海东南部，它的文明史可以追溯到米诺斯和迈锡尼时代，后来多利安人来到这里建立殖民城邦。亚历山大去世后，罗德岛与埃及的托勒密王朝结成联盟共同对抗当时控制着小亚细亚半岛的安提柯（Antigonus I，前 382—前 301）。

公元前 305 年，罗得人打败了安提柯军队的围攻，维护了自身的独立地位。为了庆祝这个胜利，他们于公元前 292 年开始在罗得港建造一座太阳神赫利俄斯（Helios，是希腊神话中罗得女神的丈夫，罗得岛的守护神）的巨型青铜像。它的高度据说有 33 米，双脚跨在海港的入口处（不过也有人对此表示异议）。公元前 226 年，这座铜像毁于一场强烈地震。因为神谕不许可，罗得人没有尝试去修复神像，而是任由铜像躺在地面长达几

罗得岛的太阳神青铜像想象图（作者：Andrei Pervukhin）

百年时间。653年，阿拉伯人一度占领这座岛屿。他们将铜像的残骸全部拆除变卖。由于这次拆除进行得十分彻底，以至于今天连它当年的准确建造地点也搞不清楚了。

阿拉伯人拆除罗得太阳神像（A. Tempesta 作于 17 世纪）

## 21-4 帕加马

在亚历山大继业者们的战乱纷争中，位于小亚细亚西部的帕加马（Pergamon）在公元前3世纪中叶逐渐摆脱外部势力控制而获得独立，并在随后的一百年间发展成为一个在艺术和学术方面足以与雅典和埃及亚历山大城媲美的希腊化城邦王国。

希腊化时代帕加马城复原模型（作者：D. Lengyel）

这座城市给人印象最深刻的部分是它的卫城。它建造在一座高耸的山头上，其间分布着神庙、祭坛、宫殿、广场和图书馆（其规模在当时仅次于埃及亚历山大图书馆）等公共建筑，利用地形的起伏，巧妙地以一座拥有80

帕加马卫城远眺（作于 19 世纪）

排座位的巨型露天剧场为核心，将多级平台有机地组织在一起，体现了极高的规划组织能力。

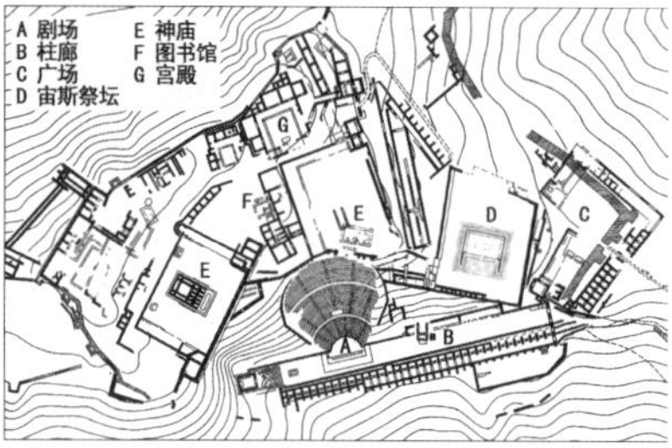

帕加马卫城平面图

这些建筑物中最著名的是宙斯祭坛（Altar of Zeus）——《圣经》中称之为“撒旦座椅”（《新约全书·启示录》第二章）。它是帕加马国王欧迈尼斯二世（Eumenes II，前 197—前 159 年在位）为了纪念他的父亲阿塔罗斯一世（Attalus I，前 241—前 197 年在位）击败高卢人（Gaul）入侵而建造的。



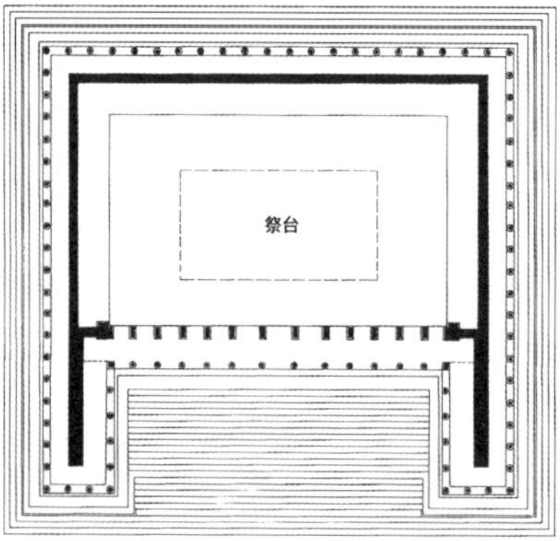

帕加马宙斯祭坛平面图

希腊神庙通常被认为是神住的地方，在神庙的外面一般都会设有一个祭台，专门用来供奉祭品，或者烧一些食物给神。也有单独建造的祭坛，它的里面就是一个祭台，边上用一圈围墙把它围起来。

这座奉献给以宙斯为首的奥林匹斯诸神的大祭坛总体宽 35 米，进深 33 米，中央有一道 20 米宽的 28 级大台阶通向平台上的祭台，四周由爱奥尼克式柱廊

帕加马卫城复原图，左侧为宙斯祭坛（作者：F. Thiersch）

帕加马宙斯祭坛浮雕局部

环绕，其中两侧的柱廊特别向前伸出。在5米多高的柱廊基座上刻有一圈高2.3米、总长约200米的人物浮雕，以希腊神话中宙斯率领的奥林匹斯诸神与巨人之间的惨烈战争场面来象征阿塔罗斯一世战胜野蛮人的丰功伟业，是古代世界留存下来的最出色和最庞大的雕塑纪念碑。

帕加马卫城现状鸟瞰，剧场右后方为宙斯祭坛原址

基督教时代到来之后，这座祭坛连同卫城上的其他建筑一道先是被废弃，而后完全毁坏并被尘土埋没，直到1871年才被独具慧眼的德国考古学家C. 胡曼（C. Humann）重新发现。祭坛残存的两千余块残片在土耳其政

柏林帕加马博物馆中展出的宙斯祭坛

府的许可下，被德国考古队运往当时刚刚统一而急于从各方面提振国运的德国，并于 1901 年在柏林专门建造的博物馆中进行展出。1930 年，德国人又为之建造了一座新的博物馆，但可能是因为场地限制的缘故，这座祭坛只有前半部分按照原来的样式得以复原。



## 21-5 希拉波利斯与棉花堡

希拉波利斯（Hierapolis）建城于继业者之一的塞琉古王朝时代（Seleucid Empire，前 312—前 63 年）。在它边上是一个 100 多米高的陡崖，携带有丰富钙质的温泉在此涌出并沿着陡崖浸

希拉波利斯复原图（图片引自当地指示牌）

棉花堡（一）

润而下，久而久之，积淀形成白色梯田般的美丽景象，远远望去，如同一道巍峨的白色城堡，被称为棉花堡（Pamukkale）。公元前 190 年，欧迈尼斯二世与罗马结盟，从塞琉古王朝手中夺得了这个地方，并使之成为温泉医疗胜地。

棉花堡（二）

# 尾声

“光荣属于希腊。”



公元前 133 年，末代帕加马国王阿塔罗斯三世（Attalus III，前 138—前 133 年在位）临终前留下遗嘱，将帕加马王国赠送给罗马人，使之成为罗马共和国的一个行省。在这之前，意大利半岛和西西里岛上的各希腊城邦、马其顿以及希腊本土已经先后被罗马共和国吞并。光荣的希腊从此成为历史，一个吸收了希腊文明精华而更加包容的伟大的罗马时代即将来临。

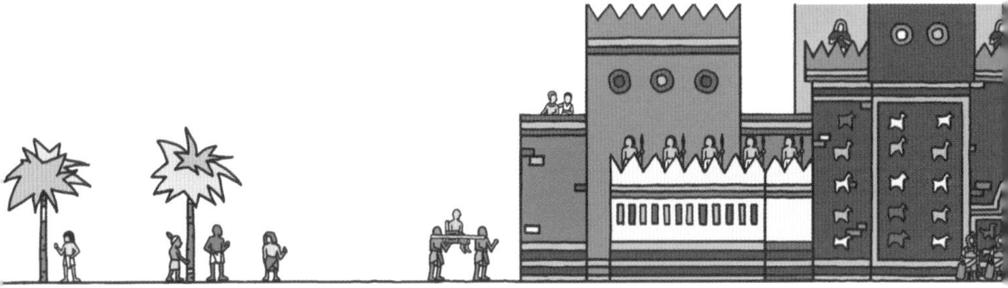

# 附录：古代西亚、埃及和希腊历史城市分布图

古代西亚、埃及和希腊历史城市分布图（仅列出在本书介绍的城市，按本书中的介绍顺序编号）

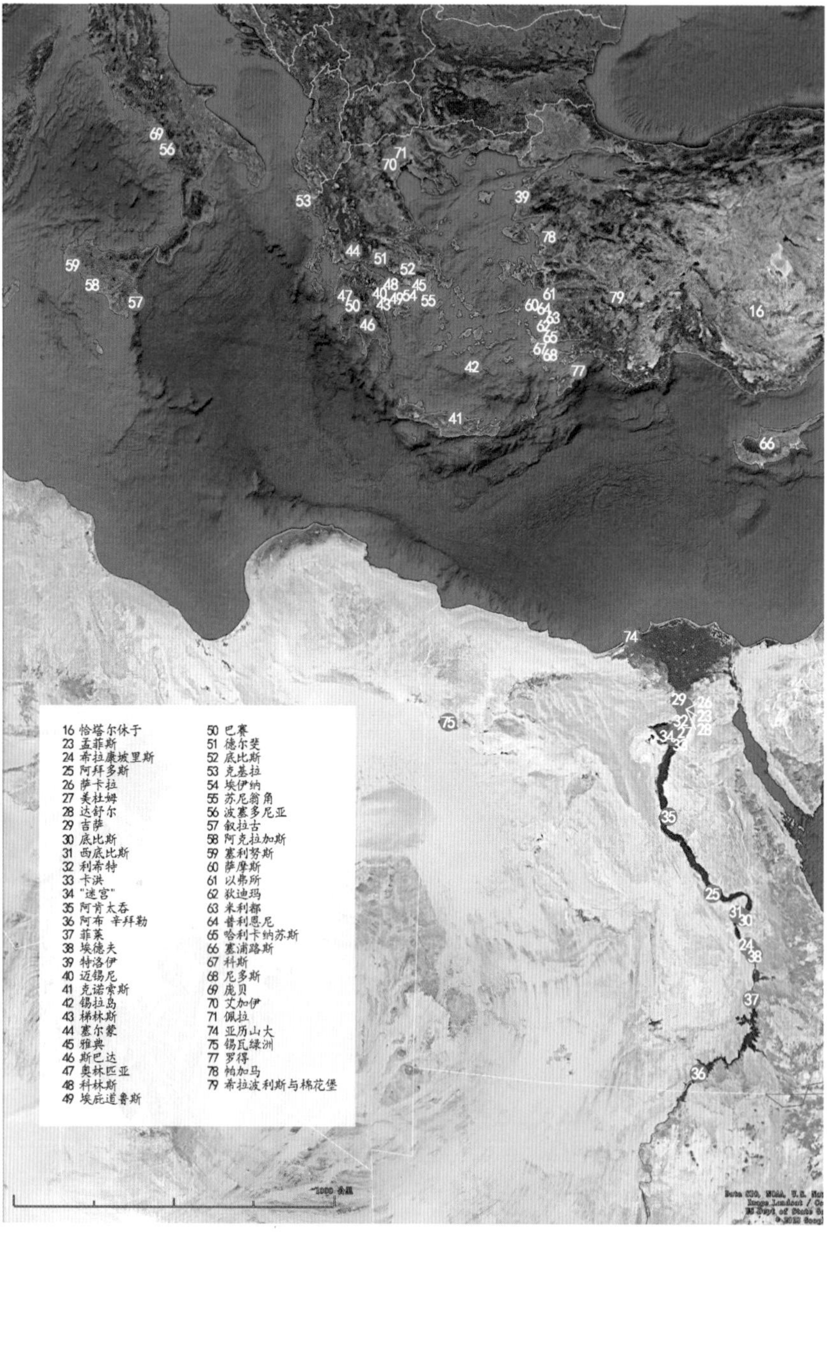

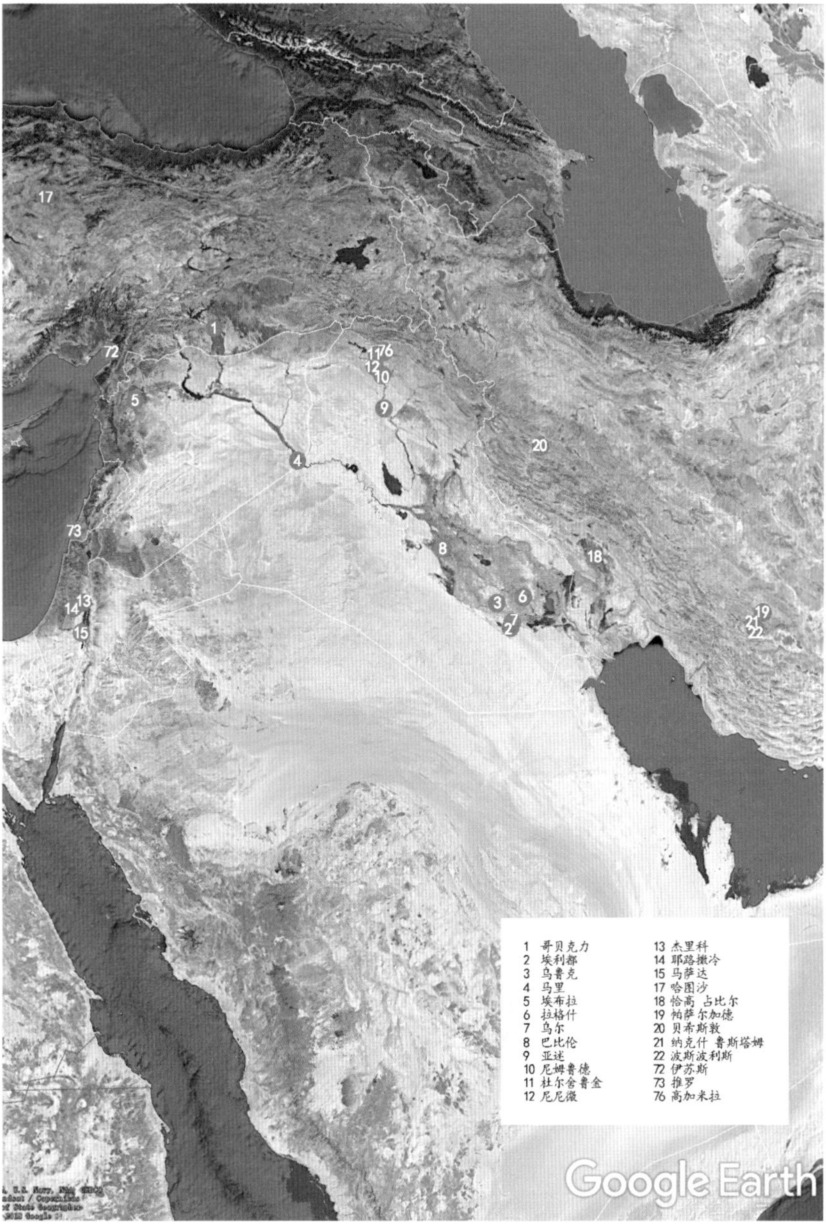


古代西亚、埃及和希腊历史城市分布图（仅列出在本书介绍的城市，按本书中的介绍顺序编号）

# 参考文献

[1] 罗伯特·勒纳，斯坦迪什·米查姆，爱德华·麦克纳尔·伯恩斯 . 西方文明史 [M]. 王觉非，等译 . 北京：中国青年出版社，2003：47.
[2] 布朗 . 美索不达米亚——强有力的国王 [M]. 李旭影，等译 . 北京：华夏出版社，南宁：广西人民出版社，2002：187.
[3] 贝淡宁，艾维纳 . 城市的精神 [M]. 吴万伟，译 . 重庆：重庆出版社，2012：34.
[4] 希罗多德 . 历史 [M]. 王以铸，译 . 北京：商务印书馆，1985：35.
[5] 威尔·杜兰 . 世界文明史 卷一 东方的遗产 [M]. 幼狮文化公司，译 . 北京：东方出版社，1998：391.
[6] 布朗 . 波斯人——帝国的主人 [M]. 王淑芳，译 . 北京：华夏出版社，南宁：广西人民出版社，2002：100.
[7] 希罗多德 . 历史 [M]. 王以铸，译 . 北京：商务印书馆，1985：151.
[8] 刘文鹏 . 古代埃及史 [M]. 北京：商务印书馆，2000：98.
[9] 刘文鹏 . 古代埃及史 [M]. 北京：商务印书馆，2000：135.
[10] 希罗多德 . 历史 [M]. 王以铸，译 . 北京：商务印书馆，1985：167.
[11] 包维尔，吉尔伯特 . 猎户座之谜 [M]. 冯丁妮，译 . 海口：海南出版社，2000.
[12] 布朗 . 埃及——法老的领地 [M]. 池俊常，译 . 北京：华夏出版社，南宁：广西人民出版社，2002.
[13] 希罗多德 . 历史 [M]. 王以铸，译 . 北京：商务印书馆，1985：176.
[14] 希罗多德 . 历史 [M]. 王以铸，译 . 北京：商务印书馆，1985：151-152.
[15] 乔治·罗林森 . 古埃及史 [M]. 姜燕，译 . 北京：中国画报出版社，2018：227.
[16] 戴尔·布朗 . 爱琴海沿岸的奇异王国 [M]. 李旭影，译 . 北京：华夏出版社，

南宁：广西人民出版社，2002.
[17] 奥维德 . 变形记 [M]. 杨周翰，译 . 北京：人民文学出版社，1984：13-14.
[18] 李格尔 . 风格问题 [M]. 刘景联，李薇蔓，译 . 长沙：湖南科学技术出版社，1999：46.
[19] 罗伯特 · 勒纳，斯坦迪什 · 米查姆，爱德华 · 麦克纳尔 · 伯恩斯 . 西方文明史 [M]. 王觉非，等译 . 北京：中国青年出版社，2003：91.
[20] 哈蒙德 . 希腊史——迄至公元前 322 年 [M]. 朱龙华，译 . 北京：商务印书馆，2016：42-43.
[21]H. W. Janson. 西洋艺术史（1. 古代艺术）[M]. 曾堉，王宝连，译 . 台北：幼狮文化公司，1984：35.
[22] 斯塔夫里阿诺斯 . 全球通史——1500 年以前的世界 [M]. 吴象婴，梁赤民，译 . 上海：上海社会科学院出版社，1988：213.
[23] 哈蒙德 . 希腊史——迄至公元前 322 年 [M]. 朱龙华，译 . 北京：商务印书馆，2016：120.
[24] 维特鲁威 . 建筑十书 [M]. 陈平，译 . 北京：北京大学出版社，2012：99.
[25] 李格尔 . 风格问题 [M]. 刘景联，李薇蔓，译 . 长沙：湖南科学技术出版社，1999：105-117.
[26] 富勒 . 西洋世界军事史 卷一 [M]. 纽先钟，译 . 南宁：广西师范大学出版社，2004：24.
[27] 富勒 . 西洋世界军事史 卷一 [M]. 纽先钟，译 . 南宁：广西师范大学出版社，2004：49.
[28] 希罗多德 . 历史 [M]. 王以铸，译 . 北京：商务印书馆，1985：379.
[29] 哈蒙德 . 希腊史——迄至公元前 322 年 [M]. 朱龙华，译 . 北京：商务印书馆，2016：392.
[30] 哈蒙德 . 希腊史——迄至公元前 322 年 [M]. 朱龙华，译 . 北京：商务印书馆，2016：475.
[31] 弗朗西斯 · D · K · 钦 . 建筑：形式空间和秩序 [M]. 邹德侬，方千里，译 . 北京：中国建筑工业出版社，1987：314.
[32] 丹纳 . 艺术哲学 [M]. 傅雷，译 . 北京：人民文学出版社，1963：270-275.
[33] 维特鲁威 . 建筑十书 [M]. 陈平，译 . 北京：北京大学出版社，2012：66.
[34]R. Etienne & F. Etienne. 古代希腊 [M]. 徐晓旭，译 . 上海：上海书店出版社，

1998：41.
[35]R. Etienne & F. Etienne. 古代希腊 [M]. 徐晓旭，译 . 上海：上海书店出版社，1998：137-139.
[36] 丹纳 . 艺术哲学 [M]. 傅雷，译 . 北京：人民文学出版社，1963：253.
[37] 威尔・杜兰 . 世界文明史 卷二 希腊的生活 [M]. 幼狮文化公司，译 . 北京：东方出版社，1998：446.
[38] 刘易斯・芒福德 . 城市发展史 [M]. 宋俊岭，等译 . 北京：中国建筑工业出版社，2005：123.
[39] 维特鲁威 . 建筑十书 [M]. 陈平，译 . 北京：北京大学出版社，2012：112-113.
[40] 希罗多德 . 历史 [M]. 王以铸，译 . 北京：商务印书馆，1985：555-556.
[41] 修昔底德 . 伯罗奔尼撒战争史 [M]. 谢德风，译 . 北京：商务印书馆，2006：8.
[42] 修昔底德 . 伯罗奔尼撒战争史 [M]. 谢德风，译 . 北京：商务印书馆，2006：55.
[43] 威尔・杜兰 . 世界文明史 卷二 希腊的生活 [M]. 幼狮文化公司，译 . 北京：东方出版社，1998：398.
[44] 佩德利 . 希腊艺术与考古学 [M]. 李冰清，译 . 南宁：广西师范大学出版社，2005：156.
[45] 威尔・杜兰 . 世界文明史 卷二 希腊的生活 [M]. 幼狮文化公司，译 . 北京：东方出版社，1998：533.
[46] 理查德・迈尔斯 . 迦太基必须毁灭 [M]. 孟驰，译 . 北京：社会科学文献出版社，2016：172.
[47] 希罗多德 . 历史 [M]. 王以铸，译 . 北京：商务印书馆，1985：73.
[48] 希罗多德 . 历史 [M]. 王以铸，译 . 北京：商务印书馆，1985：221.
[49] 威尔・杜兰 . 世界文明史 卷二 希腊的生活 [M]. 幼狮文化公司，译 . 北京：东方出版社，1998：600.
[50] 奥维德 . 变形记 [M]. 杨周翰，译 . 北京：人民文学出版社，1984：132-134.
[51] 威尔・杜兰 . 世界文明史 卷二 希腊的生活 [M]. 幼狮文化公司，译 . 北京：

东方出版社，1998：260.
[52]H. W. Janson. 西洋艺术史（1. 古代艺术）[M]. 曾堉，王宝连，译 . 台北：幼狮文化公司，1984：119-120.
[53] 奥维德 . 变形记 [M]. 杨周翰，译 . 北京：人民文学出版社，1984：74-78.
[54] 威尔 · 杜兰 . 世界文明史 卷二 希腊的生活 [M]. 幼狮文化公司，译 . 北京：东方出版社，1998：407-408.
[55] 贡布里希 . 艺术的故事 [M]. 范景中，译 . 北京：三联书店，1999：100.
[56] 里德 . 艺术的真谛 [M]. 王柯平，译 . 沈阳：辽宁人民出版社，1987：54.
[57] 柏拉图 . 文艺对话集 [M]. 朱光潜，译 . 北京：人民文学出版社，1963：62.
[58] 威尔 · 杜兰 . 世界文明史 卷二 希腊的生活 [M]. 幼狮文化公司，译 . 北京：东方出版社，1998：270.
[59] 西奥多 · 道奇 . 亚历山大战史 [M]. 王子午，译 . 北京：中国长安出版社，2015：254-263.
[60] 富勒 . 西洋世界军事史 卷一 [M]. 纽先钟，译 . 南宁：广西师范大学出版社，2004：90.